Telecommunications

Veröffentlichungen des / Publications of the

Münchner Kreis

Übernationale Vereinigung für Kommunikationsforschung,
Supranational Association for Communications Research

Band / Volume 10

Elektronische Textkommunikation in Deutschland und Japan

Konzepte, Anwendungen, Soziale Wirkungen, Einführungsstrategien

Electronic Text Communication in Germany and Japan

Concepts, Applications, Social Impacts, Implementation Strategies

Vorträge des am 3./4. November 1983 in München durchgeführten 4. Deutsch-Japanischen Kommunikationswissenschaftlichen Seminars

Proceedings of the 4th German-Japanese Seminar on Communication Science Held in Munich, November 3/4, 1983

Herausgeber/Editor: E. Witte, W. Lämmle

Springer-Verlag
Berlin Heidelberg New York Tokyo 1984

Münchner Kreis
Übernationale Vereinigung für Kommunikationsforschung
Supranational Association for Communications Research
Barerstraße 14, D-8000 München 2, Telefon: (0 89) 59 25 37

Wissenschaftliche Leitung des Seminars:

Prof. Dr. Dres. h.c. Eberhard Witte
Institut für Organisation, Universität München
Ludwigstraße 28, D-8000 München 22

Dipl.-Ing. Walter Lämmle, Ministerialrat
Bayerisches Staatsministerium für Wirtschaft und Verkehr
Prinzregentenstraße 28, D-8000 München 22

Wissenschaftliche Redaktion:

Dipl.-Phys. Volker Gehrling
Münchner Kreis

CIP-Kurztitelaufnahme der Deutschen Bibliothek
Elektronische Textkommunikation in Deutschland und Japan:
Konzepte, Anwendungen, soziale Wirkungen, Einführungsstrategien:
Vorträge d. am 3./4. November 1983 in München durchgeführten
4. Dt.-Japan. Kommunikationswiss. Seminars =
Elektronic text communication in Germany and Japan/Hrsg.: E. Witte; W. Lämmle.
[Münchner Kreis, Übernationale Vereinigung für Kommunikationsforschung.
Wiss. Leitung d. Seminars: Eberhard Witte; Walter Lämmle]. -
Berlin; Heidelberg; New York; Tokyo: Springer, 1984. -
(Telecommunications; Bd. 10)

ISBN-13:978-3-540-13647-7 e-ISBN-13:978-3-642-82332-9
DOI: 10.1007/978-3-642-82332-9

NE: Witte, Eberhard [Hrsg.];
Deutsch-Japanisches Kommunikationswissenschaftliches Seminar <04, 1983, München>;
Münchner Kreis; PT; GT

2362/3020-543210

Vorwort

Der MÜNCHNER KREIS wurde im September 1974 auf Initiative von Persönlichkeiten aus Wissenschaft, Politik, Wirtschaft und den Medien mit Unterstützung der Bayerischen Akademie der Wissenschaften gegründet.

Der Verein dient der Förderung der wissenschaftlichen Erforschung aller mit der Entwicklung, der Errichtung und dem Betrieb von technischen Kommunikationssystemen und deren Nutzung zusammenhängenden Fragen. Dabei sollen insbesondere die mit der Einführung neuer Kommunikationstechnologien auftretenden menschlichen, gesellschaftlichen, wirtschaftlichen und politischen Probleme behandelt werden.

Die Aufgabenstellung des MÜNCHNER KREISES ist also überdisziplinär. Während die speziellen Fachaspekte, z. B. der Nachrichtentechnik oder der Medienpolitik, in den jeweils spezifischen wissenschaftlichen Vereinigungen behandelt werden, ist der MÜNCHNER KREIS bemüht, die Beiträge der wissenschaftlichen Disziplinen zur Lösung des umfassenden Problems der Kommunikation zu integrieren.

Besonderes Augenmerk wird den Voraussetzungen gewidmet, unter denen Innovationsschritte der Kommunikationstechnologie erfolgreich vollzogen werden können.

Im Rahmen der japanisch/deutschen wissenschaftlichen Zusammenarbeit auf dem Gebiet der Telekommunikation hat sich ein kommunikationswissenschaftliches Seminar entwickelt, das alle 2 Jahre abwechselnd in Japan und in Deutschland stattfindet. Die Organisation liegt in Japan beim Research Institute of Telecommunications and Economics (RITE) und dem Institute for Future Technology, Universität Tokyo. Auf deutscher Seite sind das Heinrich-Hertz-Institut für Nachrichtentechnik Berlin GmbH, die Gesellschaft für Mathematik und Datenverarbeitung mbH, das Ostasien-Institut und der MÜNCHNER KREIS beteiligt. Die 4. Veranstaltung dieser Art wurde unter der wissenschaftlichen und organisatorischen Federführung des MÜNCHNER KREISES am 3. und 4. November 1983 im Institut für Rundfunktechnik in München mit dem Thema "Elektronische Textkommunikation in Deutschland und Japan - Konzepte, Anwendungen, Soziale Wirkungen, Einführungsstrategien - " durchgeführt.

Ziel der Konferenz war neben dem wissenschaftlichen Erfahrungsaustausch auf diesem Gebiet eine Bestandsaufnahme der technischen und anwendungsbezogenen Erfahrungen mit den Bildschirmtext-Systemen in beiden Ländern sowie ein Vergleich der Einführungsstrategien auf der Basis der in Japan und in der Bundesrepublik Deutschland geplanten integrierten Kommunikationsnetze Information Network System (INS) in Japan und Integrated Services Digital Network (ISDN) in der Bundesrepublik Deutschland.

Die Seminarsprachen waren Japanisch und Deutsch. Um die Informationen des Seminars einem möglichst großen Kreis zugänglich zu machen, wurden die bei der Veranstaltung in japanischer Sprache gehaltenen Vorträge in ihrer englischen Übersetzung in den vorliegenden Dokumentationsband aufgenommen.

München, im Mai 1984

W. Lämmle
E. Witte

Foreword

The MÜNCHNER KREIS was founded in September 1974 on the initiative of leading personages in the fields of science and technology, of politics, industry and commerce, and of the communications media with the support of the Bavarian Academy of Science.

The Association's declared aim is to promote research in questions connected with the development, implementation and operation of technical communications systems and their utilization. In the process it pays particular attention to human, societal, economic and political problems arising from the introduction of new communications technologies.

The MÜNCHNER KREIS is thus interdisciplinary in scope. Whereas specialized aspects of telecommunications technology or media policy, for example, are the concern of the relevant scientific bodies, the MÜNCHNER KREIS strives to integrate the contributions made by the various scientific disciplines with a view to finding solutions to problems of more general concern raised by the communications technologies.

The Association devotes special attention to the essential prerequisites for the successful implementation of innovations in communications technology.

Japanese-German cooperation in the telecommunications field has given birth to a seminar in communications technology which is held alternately every other year in Japan and Germany. In Japan the seminar is organized by the Research Institute of Telecommunications and Economics (RITE) and the Institute for Future Technology of the University of Tokyo. On the German side, the Heinrich-Hertz-Institut, the Gesellschaft für Mathematik und Datenverarbeitung, the Ostasien-Institut and the MÜNCHNER KREIS are the co-organizers. The 4th event of this kind was held in the Institut für Rundfunktechnik in Munich on 3rd and 4th November 1983 and covered the theme "Electronic Text Communication in Germany and Japan - Concepts, Applications, Social Effects, Implementation Strategies". The overall scientific and organizational responsibility was borne by the MÜNCHNER KREIS.

In addition to exchanging experiences in this field, the aim of the conference was to inventory the technological and application-oriented experience gained with videotext systems in both countries. A further objective was to compare the implementation strategies adopted on the basis of the integrated communication networks planned in both Japan and Germany: the Information Network System (INS) in Japan and Integrated Services Digital Network (ISDN) in the Federal Republic of Germany.

The seminar languages were Japanese and German. In order to make the findings of the seminar available to as wide a public as possible, the papers read in Japanese during the seminar are given in English translation in this documentation.

Munich, May 1984

W. Lämmle
E. Witte

Inhalt/Contents

Der zweitgenannte Titel ist jeweils eine übersetzte Kurzfassung des Originalbeitrages.

The second title is in each case a translated summary of the original contribution.

Eröffnung

Anton Jaumann, München

In unserer vom schnellen technologischen Wandel geprägten Zeit, in der Informationen schnell veralten, haben wissenschaftliche Veranstaltungen wie diese eine wichtige Funktion. Sie führen die am Entstehen von technologischem Fortschritt beteiligten Menschen zusammen. Gerade der persönliche Kontakt erlaubt den Austausch von allerneuesten Informationen, die noch nicht den Weg in offizielle Referate und allgemein zugängliche Publikationen gefunden haben. Diese Art des Gedankenaustausches ist deshalb eine wichtige Voraussetzung für die internationale Zusammenarbeit. Sie trägt damit zur Lösung der internationalen und nationalen Probleme auch im Bereich der Wirtschaft bei. Dies gilt natürlich besonders für den Bereich der Kommunikationstechnik, der einer unserer hoffnungsvollsten wirtschaftlichen Entwicklungsbereiche ist.

In diesem Sinne freue ich mich besonders, Sie hier in München beim 4. Deutsch-Japanischen Kommunikationswissenschaftlichen Seminar begrüßen zu können. Als Wirtschaftsminister eines Landes, in dem die Elektronikindustrie einen industriellen Schwerpunkt bildet, habe ich naturgemäß ein hohes Interesse an der Entwicklung der Kommunikationstechnik und ihrer Einführungsstrategien nicht nur bei uns selbst, sondern auch in anderen führenden Industrieländern.

Mikroelektronik und Kommunikationstechnologien werden immer mehr zu den Schlüsseltechniken der Industrienationen. Ich leite aus dieser Entwicklung positive Entwicklungschancen für Bayern ab. Denn die industriellen Aktivitäten, besonders im Bereich der Elektronik, haben sich in Bayern in der jüngsten Vergangenheit immer mehr verstärkt. Jeder 4. Arbeitsplatz der deutschen Elektrobranche befindet sich heute in Bayern. In der Branche der elektronischen Bauelemente ist es sogar fast jeder 2. Arbeitsplatz.

Die führende Stellung Bayerns ist das Ergebnis mehrerer zusammenwirkender Faktoren. Die räumliche Nähe der Forschungsinstitute und der Industrie, der Hersteller sowie der Anwender und die damit gegebenen gegenseitigen Führungsvorteile bewirken, daß sich hier Innovationen besonders gut entwickeln können. Das gilt vor allem für die Räume München und Nürnberg/Erlangen, die auch Schwerpunkte der technisch/wissenschaftlichen Aktivitäten im Hochschulbereich Bayerns sind.

Die günstigen Voraussetzungen haben dazu geführt, daß sich vor allem in Südbayern ein Zentrum der Elektronik gebildet hat. Die weltweit wichtigsten Hersteller, z. B. von Halbleiter-Bauelementen, haben bereits in den 70er Jahren hier ihren Sitz genommen oder bedeutende Niederlassungen gegründet. Dies hat Südbayern zum deutschen und wohl auch zum europäischen Halbleiterzentrum gemacht.

Für die Leistungsfähigkeit der bayerischen Elektronikindustrie stehen Namen wie Siemens, Rohde & Schwarz, Grundig, Kathrein, Zettler, Merk, Ruf und viele andere mehr. Aber auch ausländische Namen wie Digital Equipment, Fairchild, Hitachi, Motorola weisen darauf hin, daß der bayerische Raum in der weltweiten stürmischen Entwicklung der Elektronik eine Rolle spielt und als attraktiver Investitionsstandort bei führenden Elektronikunternehmen angesehen wird.

Das Bestreben, die Elektronik in Bayern weiter zu entwickeln, rückt natürlich unsere Partner auf diesem Gebiet in das Zentrum unseres Interesses. Ein wichtiger Partner ist dabei für uns - wie könnte es anders sein - Japan mit seiner weltweit anerkannten Mikroelektronik. Daß Hitachi in Bayern an zwei Standorten investiert hat bzw. gerade investiert, zeigen die bereits bestehenden guten Beziehungen.

Der bayerisch-japanische Warenaustausch bewegt sich noch auf verhältnismäßig niedrigem Niveau, hat sich jedoch in den letzten Jahren positiv entwickelt. Zwar steht Japan unter den nahezu 200 bayerischen Handelspartnern in aller Welt noch an 12. Stelle auf der Einfuhrseite und an 15. Position auf der Ausfuhrseite, doch gehen unsere Bemühungen dahin, weitere positive Entwicklungsmöglichkeiten zu erschließen, und die Handelsbeziehungen zu intensivieren. Die Entwicklung der Vergangenheit läßt dies realistisch erscheinen. Bekanntlich ist es der Handel unter den führenden Industrienationen, der stets die stärksten Wachstumsimpulse aufweist!

Wie auf dem Handelssektor, so zeigt sich auch bei den gegenseitigen Direktinvestitionen, daß die wirtschaftliche Verflechtung zwischen Bayern und Japan, gemessen an der beiderseitigen Wirtschaftskraft, noch gering, d. h. ausbaufähig ist. Die kumulierten bayerischen Kapitalinvestitionen in Japan beliefen sich Ende 1982 nur auf 46 Mio DM. Auch die Investitionen japanischer Unternehmen in Bayern bewegen sich bisher noch auf einem vergleichsweise geringen Niveau. Der kumulierte Bestand erreichte Ende 1982 eine Höhe von 32 Mio DM.

In jüngster Zeit zeichnet sich jedoch eine positive Entwicklung ab, die in den genannten Zahlen noch nicht zum Ausdruck kommt. Erinnert sei hier neben der erwähnten Industrieansiedlung des japanischen Elektrokonzerns Hitachi, an eine Reihe von neu gegründeten Vertriebsniederlassungen japanischer Firmen insbesondere auf dem Elektroniksektor, oder an verschiedene Kooperationen, wie z.B. die Zusammenarbeit Kawasaki mit MBB im Bereich der Hubschrauberfertigung.

Lassen Sie mich hier ganz offen auch Probleme ansprechen. Es ist in den vergangenen Jahren viel über die sog. "japanische Herausforderung" für Europa geschrieben und diskutiert worden. Dieser viel gebrauchte Ausdruck ist nach meiner Auffassung nicht sachgerecht, da er mit einem negativen Beigeschmack verbunden ist. Japan ist, wie die Bundesrepublik Deutschland auch, als rohstoffarmes Land geradezu lebensnotwendig auf hohe Exporte bzw. auf einem hohen Außenhandelsüberschuß angewiesen. Mit großer Tüchtigkeit, einem exzellenten Marketing und einer langfristigen wohlüberlegten Unternehmensstrategie stellt sich die japanische Wirtschaft ihren Aufgaben. Trotz der Schwierigkeiten, die bei uns in einigen Branchen infolge der japanischen Exporte entstanden sind - zu nennen sind hier insbesondere die Unterhaltungselektronik und der Bereich der motorisierten Zweiräder - wäre es nach deutscher Ansicht falsch, etwa zu protektionistischen Mitteln zu greifen. Es ist vielmehr notwendig, daß sich die deutsche Wirtschaft noch intensiver als bisher um den japanischen Markt bemüht und Japan sie hierbei - im beiderseitigen Interesse - auch unterstützt.

Japan bietet einen stabilen Markt von 120 Mio Verbrauchern mit einem hohen Lebensstandard und stetig steigender Kaufkraft. Diese Tatsache muß verstärkt in die Überlegungen der deutschen Wirtschaft einbezogen werden. Andere Länder Europas, insbesondere aber die USA, haben sich bereits viel früher intensiv um die Erschließung des japanischen Marktes bemüht; Deutschland hat hier einen

Nachholbedarf, der immer stärker erkannt wird.

Zwar ist es für uns Europäer vielleicht schwierig, auf dem japanischen Markt Fuß zu fassen - schon allein wegen des Sprachenproblems. Wir werden aber alle Anstrengungen unternehmen, um z. B. auf der geplanten Leistungsschau der deutschen Industrie in Japan, einer breiten japanischen Öffentlichkeit die Leistungsfähigkeit der deutschen Industrie vorzuführen und damit den Handel mit Japan zu verstärken. Bestehende persönliche Kontakte, wie sie mit dieser Veranstaltung gepflegt werden, sind hierfür eine wesentliche Grundlage. Informelle Kontakte zwischen allen Ebenen der japanischen und deutschen Wirtschaft und Wissenschaft, ein gegenseitiges Kennenlernen, sind daher von nicht hoch genug einzuschätzendem Wert. Ein Symposium wie dieses hier erscheint mir deshalb ein geeignetes Forum zu sein, diese informellen Kontakte zu knüpfen und zu pflegen, um "Kommunikationstechnik", also das Entstehenlassen von Verbindungen, zu schaffen. Denn die Bewältigung - auch die menschliche Bewältigung - der durch die Mikroelektronik und die Kommunikationstechnik bewirkten industriellen Umwälzungsprozesse und die daraus folgenden strukturellen und gesellschaftspolitischen Probleme erfordern schon heute eine intensive Zusammenarbeit zwischen den Industrienationen. Diese Notwendigkeit wird sich noch verstärken.

Ich erwarte deshalb von dieser Veranstaltung neben dem Austausch von technischen Detailinformationen auch eine Stärkung des gegenseitigen Kontaktes und des Verständnisses dafür, daß in der durch die Kommunikationstechnik klein gewordenen Welt, ein gegenseitiges Einvernehmen wichtiger denn je ist.

In diesem Sinne eröffne ich das 4. Deutsch-Japanische Kommunikationswissenschaftliche Seminar und wünsche ihm einen erfolgreichen Verlauf.

Offical Opening of the Seminar

Anton Jaumann, München

Since ours is a time characterized by rapid technological change and the fast outdating of information, scientific events like this seminar fulfil an important function. They unite people who are cooperating in the birth of technological change. And it is precisely this personal contact which makes the exchange of the very latest information possible, of information that has not yet found access either to official papers and lectures or to publications generally available. This way of exchanging ideas thus forms an important prerequisite to international cooperation. It contributes towards the solution of international and national problems in the economic field as well. This is of course especially true of communications technology which represents one of the branches of the economy offering the greatest promise for the future.

This is why I am particularly pleased to be able to welcome you here in Munich to the 4th German-Japanese Seminar in Communications Technology. As Minister of Economics in a region where the electronics industry is of crucial importance, I am naturally extremely interested in the development of communications technology and its implementation strategies, not just here in Germany but also in other leading industrial nations.

Microelectronics and the communications technologies are developing more and more into the key technologies of the industrialized nations. This is a trend which I personally regard as offering positive development opportunities to Bavaria. In recent years industrial endeavours, particularly in the field of electronics, have intensified here in Bavaria. One in four jobs in the electro-industry of the

Federal Republic of Germany are located here in Bavaria; where electronic components are concerned, it is almost every second job.

Bavaria's leading position is the result of several contributory factors. The research institutes and the corresponding industries, the manufacturers and the users are separated by only short distances -- this mutual boost means that innovations have a particularly good chance of development here. This is especially true of the Munich and Nürnberg/Erlangen areas, which are also the main centres of university activities in science and technology.

These favourable conditions have led, above all, to south Bavaria becoming one of the focal points of the electronics industry. Leading manufacturers worldwide of semiconductor devices, for example, located their headquarters or founded important branches here back in the 1970s. This has transformed southern Bavaria into the German -- and probably also into the European -- centre of semiconductor technology.

Names like Siemens, Rohde & Schwarz, Grundig, Kathrein, Zettler, Merk, Ruf and many others bear witness to the efficiency and high performance of the Bavarian electronics industry. But also the names of non-German companies, like Digital Equipment, Fairchild, Hitachi and Motorola, show that Bavaria has had a role to play in the runaway advances made in the field of electronics worldwide and that it is regarded as an attractive site for investments by leading electronics companies.

Ladies and gentlemen, these efforts to develop the electronics sector still further in Bavaria naturally place our partners in this field in the forefront of our interest. An important partner for us here is -- how could it be otherwise? -- Japan with her internationally highly respected microelectronics industry. That Hitachi has already invested and is once again investing at two sites in Bavaria highlights the good relations that already exist.

However, Bavarian-Japanese trade is still relatively modest, although there has been an upturn in recent years. Certainly among Bavaria's close on 200 trading partners throughout the world, Japan ranks number 12 on the import side and number 15 on the export side, but we are still endeavouring, nonetheless, to open up further possibilities for positive development and to intensify our trade relations. Past developments confirm that this is a realistic objective. As everyone knows, trade among the leading industrial nations has always provided the strongest impulses for growth.

As in the trading sector, so also in the field of bilateral direct investment, the economic interconnections between Bavaria and Japan are, if viewed against the backdrop of the two countries' economic strength, still few, i.e. there is scope for improvement here, too. The accummulated Bavarian capital investment in Japan amounted to a mere 46 million deutschmarks at the close of 1982. The investments made by Japanese companies in Bavaria also range at a comparatively low level: the accummulated capital investment had reached 32 million deutschmarks by the end of 1982.

Recently, however, an upward trend has set in which is not reflected in the figures just given. Apart from the industrial settlement of the Japanese electro-corporation Hitachi, I should like to mention here only a series of newly founded sales offices of Japanese firms, especially in the electronics sector, and various cooperation agreements like the one between Kawasaki and MBB in the field of helicopter production.

Ladies and gentlemen, kindly allow me to mention just as frankly the problems, too. In the past years a great deal has been said and written about the socalled "Japanese Challenge" to Europe. In my opinion this often used expression is inappropriate because of its negative connotations. Like the Federal Republic of Germany, Japan, being a country poor in raw materials, is also vitally dependent on high exports and a large foreign trade surplus. With great skill, excellent marketing policies and a well conceived long-term corporate strategy, Japanese industry has met the demands made on it. In spite of the difficulties which some branches of industry have to face because of Japanese exports -- entertainment electronics and the motorcycle sector, to mention but two -- it would be wrong in the German view to have recourse to protectionist countermeasures. It is far more necessary that German industry should concern itself more intensively than in the past with the Japanese market, and that Japan -- in both our interests -- should give it all the support it can here.

Japan has a stable market to offer with 120 million consumers who enjoy a high standard of living and whose purchasing power is steadily increasing. Other countries in Europe, but above all the USA, have turned their attentions at a much earlier juncture to tapping the Japanese market; Germany has lost ground to make up here, a fact which is gaining more and more recognition.

Admittedly it is perhaps difficult for us Europeans to gain a foothold in the Japanese market -- alone because of the language barrier. However, we will spare no efforts, for example at the forthcoming exhibition of German industry in Japan, to introduce the efficiency and productivity of German industry to the general Japanese public and thus to step up trade with Japan. Existing personal contacts, furthered by such events as this seminar, will be of great help here. Accordingly, the value of informal contacts at all levels of Japanese and German industry and science, in other words the opportunity of getting to know one another, just cannot be overestimated. For this reason, too, a symposium like this appears to be an appropriate forum at which to make and promote informal contacts, so as to create a "communications technology", which is no more than forging human bonds. For, after all, mastering -- also at the human level -- the revolutionary changes in industry brought about by microelectronics and the communications technologies and coming to grips with the accompanying structural and sociopolitical problems they bring in their wake already today demands close co-operation between the industrial nations. This will become still more necessary in future.

For this reason I expect this symposium, over and above the exchange of technical information, to strengthen bilateral contacts and deepen the awareness that mutual understanding is now more crucial than ever in this world which the communications technologies are causing to dwindle still further in size.

It is in this sense that I am pleased to open this 4th German-Japanese Seminar in Communications Technology and to wish you every success in your endeavours.

Grußadresse

Nobuo Sekikawa, München

Sehr geehrter Herr Staatsminister, meine sehr geehrten Damen und Herren, Herr Botschafter Miyazaki konnte leider nicht Ihrer freundlichen Einladung zu Ihrem 4. Deutsch-Japanischen Kommunikationswissenschaftlichen Seminar Folge leisten. Schon wegen der herausragenden Bedeutung dieses Seminars wäre er gerne nach München gekommen und hätte diese Veranstaltung zusammen mit Ihnen, Herr Staatsminister, eröffnet und gleichzeitig Sie alle begrüßt. Wie Sie wissen, befindet sich zur Zeit Herr Bundeskanzler Dr. Kohl zu einem Staatsbesuch in Japan. Daher mußte Herr Botschafter Miyazaki nach Japan reisen. Für mich bedeutet es eine große Ehre, anstelle des Herrn Botschafters heute aus Anlaß der Eröffnung dieses Seminars einige Worte der Begrüßung an Sie richten zu dürfen.

Bekanntlich ist die Wirtschaft der Bundesrepublik Deutschland exportabhängig. Jeder 5.Arbeitsplatz hängt vom Export ab. Auch Japan als rohstoffarmes Land lebt von der verarbeitenden Industrie und ist auf die Ausfuhr angewiesen. Japan bekennt sich genauso wie die Bundesrepublik Deutschland zum freien Welthandel und hofft, daß die Bundesrepublik Deutschland auch eine große Wirtschaftsmacht bleibt und als Fackelträger des freien Welthandels weiterhin eine wichtige Rolle für die Wirtschaft spielen wird. Mit Freude haben wir festgestellt, daß die jüngste Entwicklung der bundesdeutschen Wirtschaft eine aufsteigende Tendenz aufweist. Es bleibt jedoch bei der hohen Arbeitslosigkeit. Auch in Japan sind in jüngster Zeit Anzeichen dafür zu erkennen, daß die Arbeitslosigkeit steigt. Diese Tatsache in beiden Ländern zeigt, daß es trotz einer funktionierenden Wirtschaft notwendig wird, ihre Struktur zu verändern. Aussagen dürfte man nicht außer acht lassen, daß sich in absehbarer Zeit der Konkurrenzkampf mit den zahlenmäßig zunehmenden Industrieländern zuspitzen wird. Wenn wir übermorgen auf dem Weltmarkt wettbewerbsfähig bleiben wollen, dann müssen wir die Voraussetzungen hierfür heute und morgen schaffen. Meiner Ansicht nach befinden wir uns auf dem Scheitelpunkt des großen Übergangs zu einer hochtechnisierten Gesellschaft im postindustriellen Entwicklungsstadium. Wir Japaner sind davon überzeugt, daß durch Technik, Wissenschaft und Wirtschaft das Leben für die Menschen lebenswerter wird. Wir gehen deshalb mit großem Elan und großer Ernsthaftigkeit die Kommunikations- und Technologiemöglichkeiten von morgen an und bringen gleichzeitig entschlossen die große industrielle hochtechnologische Volkswirtschaft auf den Weg.

Meine Damen und Herren, in der Vergangenheit haben die Deutschen oftmals durch bahnbrechende Erfindungen und technologische Spitzenleistungen von sich reden gemacht. Nun hat es jedoch den Anschein, daß sie sich auf diesen Lorbeeren ausruhten. Man fragt sich, wo sind die Deutschen geblieben, da neue Technologien stets über den großen Teich aus Amerika nach Europa kamen. Die Deutschen lieferten wenig Gesprächsstoff über die Entwicklung der neuen Technologien im Bereich der Mikroelektronik. Ihre Zurückhaltung wirkt ein wenig befremdend auf mich. Doch nun mußte ich mich eines Besseren belehren lassen, als ich nämlich erfuhr, daß bereits im September 1977 in St. Augustin bei Bonn das 1. Deutsch- Japanische Kommunikationswissenschaftliche Seminar ins Leben gerufen wurde. Das Information Network System, das zentrale Thema des heutigen Seminars, ist zweifellos ein Schlüsselbegriff für die Zukunft und bildet eine Basis für die postindustrielle Gesellschaft.

Gestatten Sie mir, daß ich an dieser Stelle jenen Damen und Herren meinen Respekt zolle, die schon damals vor 6 Jahren die Initiative ergriffen haben, dieses Kommunikationswissenschaftliche Seminar zum ersten Mal zu veranstalten.

Ich schließe meine Worte in der Hoffnung, daß dieses Seminar, das gerade im Jahr der World Communication der Vereinten Nationen hier in München stattfindet, einen erfolgreichen und fruchtbringenden Verlauf nehmen möge. Ich danke Ihnen.

Address of Welcome

Nobuo Sekikawa, München

Minister Jaumann, ladies and gentlemen, unfortunately Ambassador Miyazaki was not able to accept your kind invitation to attend this 4th German-Japanese Seminar in Communications Technology. Because of the exceptional importance of this seminar he would have liked to come to Munich to open this symposium with you, Minister Jaumann, and to greet all here personally. However, as you know, Chancellor Kohl is paying a state visit to Japan at the moment and for this reason Ambassador Miyazaki's presence was required there, too. It is accordingly a still greater honour for me to be permitted to address some words of welcome to you on the occasion of the opening of this seminar.

As is well known the Federal Republic of Germany lives from its exports -- 1 in 5 employees are engaged in work for the export trade. Japan, too, as a country poor in raw materials, lives from its manufacturing industry and cannot survive without exports. Just like the Federal Republic of Germany, Japan is a professed advocate of free international trade and hopes that the FRG will both remain a great industrial power and continue to play a major role in the world economy as an apostle of free trade. We were happy to see that recent developments point to an upswing in the Federal German economy. However, there is still high unemployment. In Japan, too, there are signs that unemployment is on the rise. This fact in both countries shows that, in spite of a properly functioning economy, structural changes will become necessary. We should beware of neglecting forecasts indicating that before long the competition between the industrial nations, which are numerically on the increase, will be still fiercer. If we wish to remain competitive on the international market of the future, we must see that we take the necessary steps to this end today and tomorrow.

It seems to me that we have reached the climax of the great transition to a high-technology society at a postindustrial stage of development. We Japanese are convinced that technology, science and commerce will make our lives still more worthwhile. This is why we are exploring the communications and technological possibilities of tomorrow with great enthusiasm and equally great seriousness of purpose, and are engaged with determination in shaping the great high-technology economic system of the future.

Ladies and gentlemen, the Germans have often stirred the minds of men with their epoch-making inventions and peak performances in technology. However, it seems that they are now content to rest on their laurels. At any rate one asks oneself what ever happened to the Germans, while the new technologies were all coming across the Atlantic from America to Europe. The Germans were not at the forefront of interest in the development of the new technologies in the field of microelectronics. Your holding back here I find disturbing.

However, my impressions were brought into focus when I learnt that the 1st German-Japanese Seminar in Communications Technology was held as long ago as 1977 in St Augustin near Bonn. The Information Network System, the central theme of this seminar, is undoubteldly one of the key concepts of the future and forms one of the bases of the post-industrial society.

Allow me to voice my respect at this juncture for those ladies and gentlemen who took the initiative six years ago and held this Seminar in Communications Technology for the first time.

I would like to close my remarks by expressing the hope that this seminar, taking place as it is here in Munich during the United Nations' World Communications Year, will have a successful and productive outcome. Thank you.

Grußadresse

Yujiro Hayashi, Tokyo

Vielen Dank für die Vorstellung. Wir haben die Worte von Staatsminister Jaumann und von Herrn Generalkonsul Sekikawa gehört. Dieses 4. Seminar, das wir heute in München eröffnen können - es ist das erste hier in München - ist eine große Freude für mich. Ich schätze mich glücklich, daß wir auch gutes Wetter haben, was im deutschen Winter, so wie ich ihn kenne, selten ist. Auch das trägt zum gesamten Stimmungsbild dieses Seminars bei. Gerade zu dieser wichtigen Zeit, in der Ihr Bundeskanzler Kohl sich in Japan aufhält, ist es von besonderem Wert, daß wir hier in München ein solches Seminar abhalten können. Ob hier nicht irgendwelche schicksalhaften Zusammenhänge bestehen, möchte ich dahingestellt sein lassen.

Dieses Symposium wird sicher Geschichte machen. Ich darf kurz die Vorgeschichte erläutern. Wie auch bereits in den Worten des Generalkonsuls zum Ausdruck kam, haben wir uns zunächst in Bonn beim 1. Symposium 1977 getroffen . Zu diesem Zeitpunkt wurde dieses Symposium vom Ostasien Institut in Bonn ausgerichtet und Herr Osterwalder hat damals die Verantwortung übernommen. Zu jener Zeit ging es um die informative Gesellschaft, um die kommunikative Gesellschaft in Japan, um das Grundprinzip, wie sich dieses System von der sozialen Basis aus entwickelt hatte. Das war ein sehr fundamentales Diskussionskonzept. Auch aus Japan waren Fachleute zu diesem Themenkreis - zum Beispiel namhafte Buddhisten wie Bonze Nakamuda - ebenfalls anwesend. Wir hatten das große Glück ein philosophisches Konzept zur Beziehung von Kommunikation und Buddhismus vorgelegt zu erhalten. Ich glaube Sie erinnern sich noch daran. Nakamuda ist für den Buddhismus eine weltweite Autorität. Er hat, soviel ich weiß, 2 Jahre danach in Japan einen Orden bekommen. Das zweite Symposium 1979, haben wir uns in Berlin getroffen. Auch zu diesem Zeitpunkt kamen aus Japan namhafte Leute wie Gadawa Toshio, der uns damals besuchte. Er hat uns zur kommunikativen Gesellschaft ebenfalls fundamentale Vorstellungen erläutert. Auch das waren sehr hochrangige Ausführungen, die wir damals hören konnten. Zum dritten Mal, 1981, haben wir uns dann in Tokio getroffen. Zu diesem Zeitpunkt waren auch Prof. Witte und Prof. Kaiser, die sich um dieses Seminar sehr bemüht haben, anwesend.

Jetzt sind wir beim 4. Seminar hier in München, wie bereits vorher erwähnt, im Jahr der weltweiten Kommunikation. Im September war aus diesem Anlaß in Tokio eine Weltkonferenz mit diesem Thema. Prof. Witte war ebenfalls bei diesem Treffen in Tokio. Das hat damals wohl zu einem großen Teil zum Erfolg dieses Treffens in Tokio beigetragen. Das Jahr der Kommunikation, das wir in diesem Jahr begehen, ist damals auch öfter erwähnt worden. Die gegenwärtigen Kommunikationstechniken haben sich sehr weit entwickelt. Trotzdem aber gibt es weltweit nach wie vor Kommunikationsprobleme: Kommunikation, die nicht gut funktioniert. Es gibt irgendwelche Hindernisse für wissenschaftliche Forschung und für Kommunikation. Das wichtigste hierfür ist also das mutuelle Verständnis, das Herz-zu-Herz-Verständnis der Menschen. Ist es nicht das Hauptproblem, daß dies nun vergessen wird, daß die Menschen vergessen, was eigentlich der Sinn von Kommunikation ist? Es ist sicher eine Selbstverständlichkeit, die ich Ihnen hier darlege. In diesem Jahr,in dem wir uns der weltweiten

Kommunikation erinnern, haben wir ein gutes Timing für dieses 4. Symposium gewählt. So möchte ich hier Prof. Witte, Herrn Lämmle und Prof. Kaiser von Herzen wünschen, daß dieses Symposium, das sie so intensiv vorbereitet haben, und wofür wir uns nicht genügend bedanken können, ein voller Erfolg wird. Wir sind - alle Tagungsteilnehmer denken, glaube ich, genauso -dankbar für diese Gelegenheit uns an dieses Grundprinzip von Kommunikation zu erinnern. Heute und morgen werden wir unsere Gespräche führen. Wir erhoffen und erwarten große Ergebnisse und ich bin fest davon überzeugt, daß es große Ergebnisse gibt. Vielen Dank für Ihre Aufmerksamkeit.

Address of Welcome

Yujiro Hayashi, Tokyo

I thank you for your kind introduction. So far we have heard what Minister Jaumann and Consul General Sekikawa have had to say. This 4th seminar that we are today opening here in Munich -- it is the first to take place in Munich -- gives me personally great pleasure. I am also pleased to see that the weather is good -- which isn't often the case during the German winter, at least as I know it. That also contributes to the overall mood of the seminar. It is again of particular significance that we are able to hold such a seminar here in Munich precisely at a time when Chancellor Kohl is paying a visit to Japan. Whether these coincidences also mean that destiny is playing a part must remain to be seen.

This symposium, we can be sure, will be of historical significance. Allow me to tell you about its predecessors. As the Consul General has already mentioned, we met for the first symposium in Bonn in 1977. At that time it was the Ostasien-Institut in Bonn which organised the symposium, and Mr Osterwald assumed the main responsibility for it. Its theme then was the Informative Society, the Communicative Society in Japan; it was concerned with the basic principle of how this system had evolved from its social roots. Specialists on these matters were also present from Japan -- for example, Buddhists of repute like Bonze Nakamuda. We were extremely fortunate in being presented with a philosophical treatment of the relation between communication and Buddhism. I believe all this is still fresh in your memories. Nakamuda is recognized as a world authority on Buddhism, and, if my memory serves me correctly, he was decorated two years later.

For the second symposium in 1979 we met in Berlin. It was also attended by well-known Japanese, like Gadawa Toshio, who visited us then and likewise expounded his fundamental ideas on the Communicative Society. Then, too, we were privileged to hear presentations of note. On the 3rd occasion we met in Tokyo in 1981. At that time Prof. Witte and Prof. Kaiser, who contributed greatly towards the success of the seminar, were also present, and it was possible to hold it in the Goethe Institute.

And now we are in Munich attending the 4th seminar held, as we have already heard, in the World Communications Year. This was also the reason for a world conference on this subject in Tokyo. Prof. Witte was also present on that occasion, which certainly contributed in large part to the success of the gathering. The World Communications Year that we are now celebrating was also frequently mentioned there, too.

Current communications technologies have reached an advanced stage of development. Nevertheless, there are still worldwide communication problems: communication that is not working as it should. There are still obstacles, or so it seems to me, to scientific research and communication. The most important prerequisite here is mutual understanding, the heart-to heart understanding between people. Is not the main problem that people forget this, forget what the real meaning of communication is? No doubt this a truism I am proposing here.

In this year of worldwide communication we have shown a particularly good sense of timing for our 4th symposium. And so at this point it is my heartfelt wish for Prof. Witte, Mr Lämmle and Prof. Kaiser that the symposium into which they have put so much effort and for which we cannot adequately thank them will prove a complete success. I feel sure that all of us who are taking part in this seminar are grateful for this opportunity to remind ourselves of this basic principle of communication. Today and tomorrow we shall be holding our discussions. I hope and expect results which are noteworthy and indeed I am firmly convinced that such they will be. I thank you for your attention.

Grußadresse

Wolfgang Kaiser, Stuttgart

Herr Staatsminister, Herr Generalkonsul, meine sehr verehrten Damen und Herren, im Namen und Auftrag des MÜNCHNER KREISES begrüße ich Sie sehr herzlich zu diesem Deutsch-Japanischen Seminar. In Absprache mit den drei Mitveranstaltern,

- der Gesellschaft für Mathematik und Datenverarbeitung,
- dem Heinrich-Hertz-Institut und
- dem Ostasien-Institut

hat es der MÜNCHNER KREIS übernommen, diese Veranstaltung auszurichten, wobei wir ganz besonders Herrn Lämmle Dank schulden, der die Last der Vorbereitungen zu tragen und dabei - glaube ich - eine ganze Menge zu organisieren hatte. Wir freuen uns, daß wir Sie heute in diesen gastlichen Räumen begrüßen dürfen.

Zusammen mit vielen anderen Teilnehmern denke ich noch gerne zurück an das 3. Seminar in Tokio vor zwei Jahren; Herr Prof. Hayashi hat ja eben darüber berichtet. Wir haben damals die große Gastfreundschaft, die uns unsere japanischen Kollegen

- Mr. Komatsuzaki, Prof. Hayashi und viele andere, die heute ebenfalls hier anwesend sind - entgegengebracht haben, empfunden und die freundschaftlichen Beziehungen, die wir damals spüren durften. Das war ein Seminar, das sehr informativ war, das aber auch zur menschlichen Verständigung zwischen Deutschen und Japanern auf dem Gebiet der Kommunikationswissenschaft ganz wesentlich beigetragen hat. Und ich weiß, daß ich im Namen aller damaligen Teilnehmer spreche, wenn ich auch an dieser Stelle nochmals unseren tief empfundenen Dank zum Ausdruck bringe.

Heute sind wir nun zum 4. Deutsch-Japanischen Seminar zusammengekommen, und ich darf einige kurze einleitende Worte zum Seminarthema sagen:

Neben Energie und Materie ist die Information als dritte fundamentale Größe von entscheidendem Einfluß auf unsere Gesellschaft. Sie bestimmt die Formen unseres Zusammenlebens, unseres Zusammenwirkens in dieser arbeitsteiligen Welt und nicht zuletzt den erreichbaren Lebensstandard. Die Bedeutung der Information nimmt von Jahr zu Jahr zu, und es steht zu erwarten, daß die Informationstechnik oder - wie manche zu sagen pflegen - die Telematik, einen prägenden Einfluß auf die vor uns liegenden Jahrzehnte und das folgende Jahrhundert haben wird. Wenn man eben - so wie ich und viele andere hier im Saal - von der Telecom in Genf zurückgekommen ist, dann hat man schon das Gespür, daß wir auf diesem Weg zu einer Informationsgesellschaft Jahr um Jahr ein Stück zurücklegen. Nicht ohne Grund spricht man von einer Informatisierung der Gesellschaft, einem Begriff, der - wenn ich das damals in Japan richtig mitbekommen habe - im Japanischen als Shohoka bezeichnet wird. Und diese Informatisierung der Gesellschaft wird für uns alle eine sehr große Bedeutung erhalten. Im Produktionsprozeß, in den Büros, im Handel und in der Wirtschaft, in der Medizin, im Ausbildungswesen, aber auch im privaten Heim und damit in unserem täglichen Leben. Dabei ist es so wichtig und für unsere beiden Seiten so wertvoll, daß Japan und die Bundesrepublik Deutschland in diesem Seminar zu einem Austausch von Informationen und Meinungen über diesen Problemkreis zusammenkommen.

Als Rahmenthema für dieses Seminar wurde die bildschirmgebundene elektronische Textkommunikation gewählt, da gerade dieses Gebiet sowohl in Deutschland als auch in Japan von besonders hoher Aktualität ist. In der Bundesrepublik Deutschland wurde der Bildschirmtext vor kurzem eingeführt und Videotext wird erprobt. In Japan ist das Textsystem CAPTAIN intensiv erprobt worden - wir erleben dann hier auch einige Vorführungen - und auch Teletext, d.h. die Übertragung von Textinformationen über Hörfunkausstrahlungen. wurde näher untersucht. So können beide Seiten, die deutsche und die japanische, über diese neue Form des Fernlesens berichten, sowie die Chancen und Risiken dabei aufzeigen und die bisher gewonnenen Erfahrungen austauschen.

Nach den in der Bundesrepublik Deutschland aufgestellten Prognosen kann Bildschirmtext in kurzer Zeit die dominierende Form der elektronischen Textkommunikation werden, und es gibt Zahlen - ich vermute, daß Herr Danke nachher nochmals darauf eingehen wird - daß wir bereits Ende 1986 eine Teilnehmerzahl von einer Million haben können. Das wäre ein Vielfaches dessen, was Telex, Teletex und Faksimile heute bedeuten. Es ist nicht weiter verwunderlich, daß die bildschirmorientierte Textkommunikation eine so große Bedeutung bekommt, denn sie weist eine ganze Reihe von Vorteilen auf: Die schnelle Bereitstellung der Information, und damit die hohe Aktualität, die Möglichkeit einer selektiven Suche nach der gewünschten Information mit EDV-Unterstützung, der vernachlässigbare Energie- und Rohstoffverbrauch, die kombinierten Darstellungsmöglichkeiten von Texten und Bildern - auch in Farbe - und dazu eben die kostengünstige Realisierung, die uns die Mikroelektronik beschert.

Natürlich bleibt dabei heute noch eine ganze Reihe von Wünschen offen. So beklagt man gelegentlich den geringen Textausschnitt, die verminderte Lesbarkeit der Zeichen und die geringe Geschwindigkeit der codierten Übertragung.

Aus meiner Sicht sind dies jedoch Nachteile, die mit hoher Wahrscheinlichkeit durch die zukünftige technische Entwicklung weitgehend gemildert oder ganz aufgehoben werden. Wenn man heute an der Schwelle zum digitalen Netz, ja zum integrierten digitalen Netz steht, und damit die Möglichkeit hat, codierte Signale mit 64 000 bit/sec. zu übertragen, so wird zumindest das Problem der zu geringen Geschwindigkeit in Zukunft ganz deutlich gemildert, wenn nicht überhaupt nebensächlich geworden sein.

Meine Damen und Herren, wir haben eine Reihe sehr interessanter, sehr informativer Vorträge zu diesem Themenkreis zu erwarten. Ich wünsche dem Seminar einen guten Verlauf, ich wünsche allen unseren Gästen, daß sie sich hier wohlfühlen, und ich möchte im Namen des MÜNCHNER KREISES, aber auch der anderen drei Mitveranstalter, allen, die sich um dieses Seminar verdient gemacht haben, ganz herzlich danken.

Address of Welcome

Wolfgang Kaiser, Stuttgart

Minister Jaumann, Consul General Sekikawa, ladies and gentlemen, I should like to welcome you most sincerely for and on behalf of the MÜNCHNER KREIS to this German-Japanese seminar. As agreed with the three co-organizers.

- the Gesellschaft für Mathematik und Datenverarbeitung,
- the Heinrich-Hertz-Institut, and
- the Ostasien-Institut,

the MÜNCHNER KREIS assumed the main responsibility for the organisation of this seminar. In this connection we are indebted to Mr Lämmle who was charged with the general preparation of the seminar; I am sure the organisation took up a great deal of his time. It is with great pleasure that we can now welcome you here in these inviting surroundings.

Like many other participants, I also look back with pleasure to the 3rd seminar held in Tokyo two years ago - Prof. Hayashi has just referred to it again. We are deeply conscious of the great hospitality we were shown by our Japanese colleagues, Mr Komatsuzaki, Prof. Hayashi and many others, who are likewise present today, and we are most grateful for the friendly reception we were accorded then. That was a seminar which was not only highly informative; it also made a not inconsiderable contribution towards better human understanding between Germans and Japanese working in the field of communications technology. And I feel quite sure that I am speaking in the name of all those who took part when I take this opportunity of expressing once again our heartfelt thanks.

Today we have come together for the 4th German-Japanese seminar, and I would ask your kind permission to make some brief introductory remarks on the theme of this seminar:

In addition to energy and raw materials information is the third factor which is of paramount importance for our society. it determines our life together, our cooperation in this world based on division of labour and, by no means least, the standard of living we can attain. Information is taking on greater significance from year to year and we can reasonably assume that information technology, or telecommunications, will have a decisive influence not only on the decades ahead but also on the next century as well. If one has just returned from Telecom in Genevə, as I and many others here have, then one does indeed get the impression that we are drawing a little closer every year to the Information Society. It is not without reason that we now talk of this deep penetration of society with information, an idea expressed by the term Shohoku in Japanese, if I understood aright while I was in Japan. This information-based society will take on great importance for all of us here: in the manufacturing process, in the office, in trade and commerce, in medicine, in the educational field, and also in the home, which means in our daily lives. And in this connection it is of particular importance that Japan and the Federal Republic of Germany should meet in this seminar for an exchange of information and opinions on this whole complex of problems.

The field of electronic text transmission has been chosen as the thematic framework of this seminar, since this is of extreme topical interest both in the Federal Rupublic of Germany and in Japan. In the Federal Republic of Germany "Bildschirmtext" has been recently introduced, while videotext is in the testing stage. In Japan, the videotex system CAPTAIN has been intensively tested -- we will see some demonstrations here -- and teletext, too, i.e. the broadcasting of text along with television pictures, has also been submitted to close investigation. In this way both the German and Japanese sides can report on this new form of telecommunication, delineate the opportunities offered and the risks involved, and exchange experiences made so far.

Forecasts made in the FRG suggest that "Bildschirmtext" will soon be the dominant form of videotex communication and there are some projections which suggest the number of subscribers could rise to one million by the end of 1986 -- I suspect that Mr Danke will have more to say about this later. That would mean many times more subscribers than telex, teletex and facsimile transmission can attract today. It is not surprising that VDU-oriented text transmission will attain such significance, since it has a whole range of advantages to offer: quick availability of information, the possibility of computer-aided selective access to data, negligible consumption of energy and raw materials, the possibility of presenting text and pictures in combination -- in colour as well -- and in addition the favourable cost-price ratio made possible by microelectronics.

Naturally there are still a number of desires that have not been met. There are, for example, occasional complaints about the small section of data displayed, about the poor legibility of the characters and the low speed of coded transmission.

As I see it, however, these are disadvantages that in all probability will be greatly mitigated or will entirely disappear in the wake of further technical advances. If we are today on the threshold of the digital, indeed of the integrated digital network, and thus have the possibility of transmitting coded signals at 64,000 bit/sec, then the problem of low speed will be at least considerably reduced in the future, if not rendered utterly insignificant.

Ladies and gentlemen, we can look forward to a number of very interesting and highly informative papers on this range of subjects. I wish the seminar every success. I trust that all our guests will feel at home here. And in the name of the MÜNCHNER KREIS but also of our three coorganizers, I should like to express my most sincere thanks to all those who have helped to make this seminar possible.

Bildschirmtext - Stand und Entwicklung

Eric Danke, Bonn

1. Grundkonzeption

Bildschirmtext, kurz Btx genannt, ist der Name des Interactive-Videotex-Dienstes in der Bundesrepublik Deutschland. Ausgangsbasis für die Entwicklung von Videotex-Diensten war der Gedanke, Telefon und Fernsehapparat zu einem neuen Informationssystem zusammenzuführen. Die Vielzahl der vorhandenen Bildschirme sollte so nicht nur zum Fernsehen, sondern zusätzlich kostengünstig für den Datendialog erschlossen werden. Hierfür waren nur Grenzkosten aufzuwenden: der Farbfernseher ist bereits bezahlt und auch das Telefonnetz mit seinem hohen Investitionswert ist überall verfügbar.

Dieser Ansatz bestimmt weitgehend die Gestaltung von Bildschirmtext. Alle Informationen werden für die Wiedergabe auf dem Bildschirm als Textseiten aufbereitet und gegebenenfalls durch einfache Grafiken ergänzt. Die Seiten werden einzeln über die Telefonleitung aus dem Btx-System abgerufen. Die Verbindung mit dem Endgerät übernimmt eine Anschlußbox, die mit ihrer Modemfunktion (Modulieren, Demodulieren) die Datensignale an den analogen Fernsprechkanal anpaßt. Sie wird von der Post installiert. Auf Tastendruck stellt sie automatisch die Verbindung zu Bildschirmtext her und identifiziert sich über eine besondere Anschlußkennung. Im Endgerät wandelt ein Decoder die Datensignale in Btx-Bilder um (Bild 1).

Neben niedrigen Kosten ist eine einfache Bedienung des Systems auch durch Ungeübte wichtige Voraussetzung für die Verbreitung von Bildschirmtext. Alle Informationen lassen sich in einem einfachen Dialog abrufen. Dabei wird jeweils durch die Eingabe einer Ziffer aus einer aufgezeigten Angebotsliste ausgewählt. Schrittweise erreicht man so die gewünschte Information. Alle Grundfunktionen werden über eine numerische Tastatur und die Sondertasten * und # ausgeführt, so daß die drahtlose Fernsehfernbedienung vollwertig für Btx mitbenutzt werden kann. Lediglich in besonderen Fällen wird ergänzend eine Buchstabentastatur benötigt.

Ein außerordentlich wichtiger Aspekt bei Bildschirmtext ist die konsequente Einhaltung eines einheitlichen technischen Standards. Dadurch lassen sich ganz unterschiedliche Anwendungen in ein und dasselbe System integrieren, wodurch selbst der seltenen Einzelnutzung der Kostenvorteil eines Massendienstes zugute kommt.

2. Rolle der Deutschen Bundespost

Bildschirmtext wird von der Deutschen Bundespost als allgemeiner Fernmeldedienst zur Verfügung gestellt. Die enge Einbindung von Bildschirmtext in das bestehende Fernmeldenetz und ihre anwendungsbezogene Neutralität weisen der Post eine natürliche Trägerrolle für diesen Dienst zu. Die Erfahrungen aus der Versuchsphase zeigen, daß die Benutzer dieses neutrale Dach akzeptieren.

Am Bildschirmtextdienst kann jeder teilnehmen, der über die erforderlichen technischen Einrichtungen verfügt und der mit der Bundespost in einem Teilnehmerverhältnis steht. Als Anbieter kann er über Bildschirmtext auch selbst Informationen oder andere Dienste bereitstellen. Die Auswahl und die Gestaltung der Btx-Angebote liegt dabei allein in seiner Entscheidung. Eine Einflußnahme durch die Deutsche Bundespost gibt es nicht. Allerdings unterliegen die Anbieter den allgemeinen gesetzlichen Bestimmungen. Zusätzlich trifft ein Länderstaatsvertrag für Bildschirmtext spezifische nutzungsbezogene Festlegungen. Hierzu gehören u. a. Fragen des Datenschutzes, der Werbungskennzeichnung und des Rechts auf Gegendarstellung.

3. Entwicklung des Btx-Dienstes

Die Bildschirmtextkonzeption wurde in der Mitte der 70er Jahre zuerst von der englischen Post aufgegriffen. Mit ihr war auch die ursprüngliche Zielgruppe für diesen neuen Dienst vorgegeben: die privaten Haushalte. Dort standen die Fernsehgeräte und der gewerbliche Bereich schien mit der herkömmlichen Datenverarbeitung ohnehin gut versorgt.

In der Bundesrepublik Deutschland wurde Bildschirmtext erstmals anläßlich der Internationalen Funkausstellung 1977 in Berlin öffentlich vorgestellt. Hierfür wurde eine in England entwickelte Systemtechnik übernommen, lediglich der Zeichenvorrat wurde an die deutsche Sprache angepaßt. Nichtöffentlichen technischen Versuchen mit interessierten Unternehmen, die Anfang 1978 begannen, folgten ab Juni 1980 Feldversuche in Berlin und im Raum Düsseldorf. Für die Bundespost war das wichtigste Ziel dieser Versuche, die Akzeptanz für den neuen Dienst durch private Nutzer festzustellen. Umfangreiche wissenschaftliche Begleituntersuchungen wurden durchgeführt. Für die Versuche kam es zu einer Zusammenarbeit mit den beiden betroffenen Ländern Berlin und Nordrhein-Westfalen, die hierfür eigens gesetzliche Regelungen zum Nutzungsbereich geschaffen haben.

Im Rahmen der Versuche wurde von der Deutschen Bundespost 1980 weltweit erstmals die Verbindung eines Bildschirmtextsystems mit privaten Datenverarbeitungsanlagen realisiert. In Zusammenarbeit mit interessierten Anwendern wurden hierfür herstellerneutrale Schnittstellen entwickelt und eingeführt. Eine Bank, ein Reiseveranstalter und drei Versandhäuser waren die ersten Anwender. Die Möglichkeiten des Rechnerverbundes sind wohl entscheidend für die hohe Resonanz, die Bildschirmtext in der Bundesrepublik Deutschland gefunden hat.

Aufgrund des positiven Verlaufs der Versuche hat die Bundesregierung Mitte 1981 die allgemeine Einführung von Bildschirmtext beschlossen. Auf der Grundlage dieser Entscheidung wurden Angebote für eine neue Btx-Systemtechnik eingeholt, wonach IBM Deutschland im November 1981 den Auftrag zur Entwicklung und Lieferung der ersten Ausbaustufe des neuen Systems erhielt.

Die rechtlichen Voraussetzungen für die Aufnahme des Bildschirmtextdienstes wurden von der Bundespost im Frühjahr 1983 mit der 22. Änderungsverordnung zur Fernmeldeordnung geschaffen. Etwa zeitgleich haben die Länder ihren Staatsvertrag über Bildschirmtext zur Regelung des Nutzungsbereichs verabschiedet und seine Ratifizierung eingeleitet.

Der Bildschirmtextdienst wurde im September 1983 allgemein eingeführt. Dabei kam erstmals ein neuer, europäisch abgestimmter Darstellungsstandard zum Einsatz. Mit einem großen Zeichenvorrat, hoher grafischer Qualität und Offenheit für Spezialanwendungen ermöglicht dieser Standard eine internationale Kommunikation und schafft die Basis für internationale Märkte. Vorübergehende Einschränkungen des Btx-Dienstes sind durch eine Übergangslösung bedingt, die noch auf der Technik der Versuchsphase basiert, jedoch bereits den neuen Darstellungsstandard nutzt. Sie hat die Aufnahme des Dienstes ermöglicht, an dem sich Ende 1984 bereits 5 000 neue Btx-Interessenten beteiligt hatten.

Die neue Systemtechnik wird vor ihrer allgemeinen Inbetriebnahme im Mai/Juni 1984 umfangreichen Tests unterzogen. Dadurch sollen bereits von Anbeginn an eine ausreichende Dienstgüte und Systemstabilität sichergestellt werden.

4. Die Leistungsmerkmale von Bildschirmtext

Aufgrund der Anwahl über das Telefonnetz wird Bildschirmtext immer teilnehmerindividuell genutzt. Jeder Btx-Teilnehmer besitzt eine eigene Kennung, die die Grundlage für die Gebührenabrechnung und für die Inanspruchnahme individueller Dienste bildet. Die Zugangsbereichtigung des Teilnehmers wird durch die Eingabe seines persönlichen Kennwortes beim Verbindungsaufbau geprüft.

Über den Abruf allgemein zugänglicher Btx-Seiten hinaus ist der Teilnehmer durch diese Individualisierung in der Lage, für ihn selbst bestimmte Mitteilungen entgegenzunehmen und selbst Mitteilungen, Grüße oder Glückwnsche an andere Teilnehmer abzusenden. Auf vorliegende Mitteilungen wird beim Beginn des Btx-Dialogs hingewiesen. Die Teilnehmerkennung ermöglicht auch die Bildung geschlossener Benutzergruppen, so daß Angebote auf bestimmte Zielgruppen, z. B. Ärzte, Wiederverkäufer, Abonnenten, Vereinsmitglieder, begrenzt werden können.

Für ihre Btx-Angebote können die Anbieter eine Vergütung verlangen, auf die der Teilnehmer jeweils vor dem Abruf eindeutig hingewiesen wird. Die Vergütungen werden bei den Teilnehmern zusammen mit der Fernmelderechnung eingezogen und den Anbietern monatlich gutgeschrieben.

Über die Btx-Vemittlungsstellen können nicht nur die von Anbietern dort abgelegten Btx-Seiten abgerufen, sondern im Rahmen des Rechnerverbundes auch Datenverarbeitungsanlagen von Unternehmen und Institutionen erreicht werden. Die dadrch mögliche Datenfernverarbeitung ist die wohl wichtigste Voraussetzung für den Einatz von Bildschirmtext im geschäftlichen Bereich. Eine offene Netzkonzeption stellt sicher, daß Rechner beliebiger Hersteller in diesen Verbund einbezogen werden können.

Die Verbindung zwischen Bildschirmtext und den externen Rechnern erfolgt über das paketvermittelnde Datennetz DATEX-P (Bild 2). Mit der neuen Systemtechnik kommen hier die Einheitlichen Höheren Kommunikationsprotokolle (EHKP) zur Anwendung, die nach einem von ISO empfohlenen Schichtenmodell strukturiert sind. Sie wurden unter der Federführung des Bundesinnenministers für den Datenverbund innerhalb der öffentlichen Verwaltungen entwickelt und finden in Bildschirmtext eine ihrer breitesten Anwendungen. Besonders interessante Elemente für den Bildschirmtextdienst sind die Möglichkeit zur Mehrfachnutzung einmal hergestellter Verbindungen (Ebene 4) und der Formatservice (Ebene 6). Im Rahmen des Formatservices wird der Bildschirminhalt in frei bestimmbare Bildelemente zerlegt, die bei einer Änderung einzeln überschrieben werden können. Dadurch läßt sich die zu übertragende Datenmenge deutlich verringern. Häufig benötigte Bildelemente, z. B. Formularmasken, Hinweistafeln oder Zwischenübersichten, können im Btx-ySstem abgespeichert werden, so daß für ihre Anzeige die Übertragung einer entsprechenden Anweisung ausreicht.

Die Dialogseiten des Rechnerverbundes enthalten frei plazierbare Eingabefelder, in die die Btx-Teilnehmer ihre Daten eintragen. Bei Bedarf können diese Felder vom Anbieter mit geeigneten Grundeinträgen vorbesetzt werden oder einen ergänzenden Hinweis erhalten. Dieser wird in der Fußleiste des Bildschirms angezeigt, sobald die Schreibmarke auf dem korrespondierenden Feld plaziert ist. Der Anbieter kann sich wahlweise die vollständige Dialogseite oder nur die Datenfeldinhalte übermitteln lassen. Die Übermittlung der Daten erfolgt erst, wenn der Btx-Teilnehmer das letzte Eingabefeld ausgefüllt und die Absendung freigegeben hat.

Bereits in der Versuchsphase war die Zahl der externen Rechner auf über 70 angewachsen. Geldinstitute ermöglichen die elektronische Kontoführung (Homebanking), Versandhäuser nehmen Bestellungen entgegen und geben sofortige Lieferbestätigung, Reiseveranstalter wickeln den Buchungsverkehr mit Reisebüros oder Kunden ab, Versicherungsvertreter erhalten Zugang zu den tagesaktuellen Vertragsdaten und Händler greifen unmittelbar auf die Bestandsdaten ihrer Zulieferer zu.

Durch die Einbeziehung externer Rechner kann der Anbieter frei entscheiden, ob er seine Informationsangebote als vorgefertigte Seiten in das Btx-System der Post eingeben oder sie im eigenen Rechner vorhalten will. Da der Anbieter Übergabeseiten zu externen Rechnern an jeder beliebigen Stelle seines Angebots einsetzen kann, läßt sich auch für Teilangebote entscheiden, welches die wirtschaftlichere Lösung ist.

Unabhängig davon, ob im Btx-System der Post oder in einem externen Rechner gespeichert, steht eine Btx-Seite nach ihrer Eingabe sofort zum Abruf zur Verfügung; und zwar so lange, bis sie wieder geändert, überarbeitet oder gelöscht wird. Auf diese Weise finden sich in Bildschirmtext die sekundenschnelle Blitzmeldung eines Zeitungsverlages ebenso wie die Standarddaten eines Lexikonverlages, die vorgefertigte Information ebenso wie Ergebnisse aktueller Verarbeitungsprozesse.

5. Die neue Btx-Systemtechnik

Die Entwicklung von Bildschirmtext zu einem Massendienst erfordert eine flächenübergreifende und unbeschränkt ausbaufähige Systemtechnik. Als besonders wirtschaftliche Lösung hat sich hierfür ein hierarchisches Netzkonzept mit einer Leitzentrale und regionalen Btx-Vermittlungsstellen erwiesen (Bild 3). In der Leitzentrale werden die Informationen der Anbieter aus dem gesamten Netzbereich, alle Teilnehmerdaten und alle persönlich adressierten Mitteilungen im Original abgespeichert. Der Standort der Leitzentrale ist Ulm. Die Btx-Teilnehmer haben zur Leitzentrale keinen unmittelbaren Zugang, sie nutzen den Dienst immer über ihre regionalen Btx-Vermittlungsstellen. Diese sind mit der Leitzentrale über feste Leitungen verbunden und bestehen jeweils aus zwei Datenbankrechnern, zwei Verbundrechnern und bis zu sechs Teilnehmerrechnern.

Die Teilnehmerrechner können jeweils bis zu 100 Btx-Verbindungen gleichzeitig bearbeiten. Sie bilden kleine eigenständige Einheiten, in denen unmittelbar vor Ort diejenigen Informationen als Kopie vorgehalten werden, die in diesem Einzugsbereich nachgefragt werden. Hierfür steht in jeder Einheit ein Speichervolumen von über 50 000 Seiten zur Verfügung. Ist eine gewünschte Seite hier nicht vorhanden, wird die Anfrage automatisch zum übergeordneten Datenbankrechner weitergeführt, der 90 000 Seiten speichert. Erst wenn auch diese Anfrage erfolglos ist, wird die Leitzentrale eingeschaltet. Dies wird jedoch nur in zwei Prozent aller Fälle notwendig sein.

Eine von der Leitzentrale abgerufene Informationsseite wird für etwaige erneute Nachfragen im Datenbank- und im jeweiligen Teilnehmerrechner abgespeichert, bevor sie an den Teilnehmer ausgegeben wird. Steht hierfür keine freie Speicherkapazität mehr zur Verfügung, wird die am längsten nicht mehr nachgefragte Seite gelöscht. Die neue Information bleibt dann so lange gespeichert, bis sie selbst nicht mehr abgerufen und so auch einmal zur ältesten Seite wird, oder bis sie von ihrem Anbieter gelöscht oder überarbeitet wird. Dieses "Paging-Konzept" ist eine außerordentlich effiziente Zugriffsmethode für große Informationsmengen und große Teilnehmerzahlen. Durch die Originaldatei in der Leitzentrale ist die Konsistenz der Daten gesichert, durch die Abspeicherung der Seitenkopien vor Ort deren wirtschaftliche Übertragung. Das Konzept berücksichtigt einen statistisch verteilten Seitenzugriff: wenige Informationen werden häufig, viele dagegen nur selten nachgefragt.

Die Verbindung zu angeschlossenen Rechnern unterliegt diesem Paging-Konzept nicht. Hier erfolgt eine unmittelbare Durchschaltung. Der Übergang zum DATEX-P-Netz, über das die Teilnehmer die externen Rechner der Anbieter erreichen, wird über die Verbundrechner der Btx-Vermittlungsstellen hergestellt.

6. Der neue Darstellungsstandard

Kennzeichen des Bildschirmtextdienstes ist ein außerordentlich hoher Standardisierungsgrad, der herstellerneutral die Kommunikation zwischen allen Btx-Teilnehmern ermöglicht und der die Nutzung der Btx-Angebote von jedem Endgerät aus ohne Einschränkungen und ohne Informationsverluste gewährleistet. Als Voraussetzung hierfür sichert die DBP durch ihr Zulassungsverfahren die strikte Einhaltung des Standards.

Der neue Darstellungsstandard wurde von der Konferenz der Europäischen Verwaltungen für Post und Fernmeldewesen (CEPT) erarbeitet, um eine internationale Kommunikation möglich zu machen und durch einheitiche Gerätekomponenten größere Märkte und damit niedrigere Preise zu erreichen. Notwendig wurde die internationale Standardisierung, weil die bisherigen Systeme auf die nationalen Sprachräume optimiert waren und damit nur national verwendbar waren. Die Fortschritte in der Halbleitertechnologie erlaubten nunmehr zu vertretbaren Kosten die Abdeckung eines internationalen Buchstabenvorrates und entscheidende Verbesserungen in der grafischen Qualität.

Erste Gespräche über eine Harmonisierung der nationalen Systeme fanden im Januar 1978 zwischen Großbritannien, Frankreich und der Bundesrepublik Deutschland statt. Sie führten zu einer Basisempfehlung der CEPT vom Mai 1981, die eine Möglichkeit zur Zusammenführung der unterschiedlichen europäischen Systeme aufzeigte. Im April 1982 wurden weitere grafische Grundfunktionen festgelegt, wie fernladbare Zeichen und frei wählbare Farbtöne. Zusatzfunktionen für spezielle Anwendergruppen, wie die alphageometrische Darstellung (Cartoongrafik) und die Protokollstrukturen für alphafotografische Übertragung, kamen im Juni 1983 hinzu. Diese Erweiterungen sind in eine überarbeitete Empfehlung für den Btx-Darstellungsstandard aufgenommen worden, die die CEPT im September 1983 verabschiedet hat.

Gegenüber der Versuchsphase bietet der neue CEPT-Standard erhebliche Verbesserungen. Hierzu gehören

- internationaler Buchstabenvorrat
- frei einsetzbare Attribute
- individuelle Farbpalette
- volle Schirmeinfärbung
- frei gestaltbare Zeichen
- erweitertes Grafikrepertoire.

Diese Komponenten geben Bildschirmtext ein ansprechendes Erscheinungsbild. Die hohe Bildpunktauflösung von 12 Punkten je Schreibstelle, das sind 480 Punkte je Zeile, garantiert eine extrem gute Schriftdarstellung und eine einwandfreie Wiedergabe von Kleinflächengrafiken für Signets, Firmenzeichen, aber auch für kleinere Abbildungen. Aufgrund dieser Systemeigenschaften können Btx-Geräte die ergonomischen Anforderungen an Bildschirmarbeitsplätze erfüllen. Durch eine Umschaltung von 24- auf 20-Zeilen-Betrieb ist dies sogar bei der Kombination von großbuchstabigen Umlauten mit Unterstreichung möglich.

Die Orientierung auf Schreibstellen als Kennzeichen des europäischen Alphamosaikverfahrens ermöglicht in Verbindung mit den seriell wirkenden Attributen (z. B. für Farben) eine einfache Zusammenfügung von Darstellungselementen und Dateninhalten, so daß die Kommunikation mit bestehenden DV-Systemen ohne Einschränkung der visuellen Qualität möglich ist. Die Protokollmechanismen des Standards erlauben die zusätzliche Übertragung spezieller Anwendungsformen, wie Telesoftware, Steuersignale für Bildplattenspieler oder für Chipkarten zur Teilnehmeridentifikation, alphageometrische Darstellungen, und sind offen für künftige Erweiterungen. Dieser Leistungsumfang gibt die Garantie für eine lange Lebensdauer des CEPT-Standards.

Für den Anbieter wird durch den neuen Standard die Eingabe der meisten Seiten vereinfacht. Der Grund hierfür liegt in der Möglichkeit, den gesamten Bildschirm durch einen einzigen Befehl mit einer Hintergrundfarbe zu belegen, Attribute im parallelen Mode ohne Neueingabe in die nächste Zeile zu übernehmen und Attribute zwischenraumfrei und auf einer Stelle kumuliert einsetzen zu können. Gerade die Notwendigkeit, im alten Standard für jedes einzelne Attribut einen Zwischenraum vorsehen zu müssen, hat nicht nur bei der Eingabe von Grafiken, sondern auch von farbigen Texten oftmals erheblich gestört.

Die Fernladung von Zeichen und Farben ermöglicht den Anbietern, ihre Firmenzeichen und ihre Hausfarben im Sinne der "corporate identity" auch in Bildschirmtext zu nutzen. Durch die hoch aufgelöste Grafik können die Firmenzeichen nicht nur bildschirmfüllend, sondern als kleine Marke auf jeder Seite eingesetzt werden. Die neue Systemtechnik wird diese Anwendung erleichtern, indem der Ladezustand des Decoders überwacht wird und beim Eintritt in ein neues Angebot die dafür notwendigen Ladevorgänge automatisch ausgeführt werden. Die geladenen Farben und Zeichen sind unabhängig von einer bestimmten Seitenfolge danach für alle aufgerufenen Seiten des Anbieters ohne erneuten Zeitverzug verfügbar, da eine wiederholte Übertragung vermieden wird. Für eine Btx-Seite können jeweils drei Referenzsätze herangezogen werden. Die frei gestaltbaren Zeichen (DRCS = dynamically redefinable character set) sind insbesondere für die Wiedergabe von nichtlateinischen Schriften, Symbolen, Piktogrammen und Kleinflächengrafiken geeignet. Ein einmal geladenes Alphabet z.B. läßt sich so wie der Standardzeichensatz verwenden (Bild 4).

Für den Grafiker sind die Möglichkeiten über DRCS-Zeichen detailtreue Abbildungen zu gestalten verlockend. Beispiele zeigen hier beeindruckende Ergebnisse. Allerdings benötigt die Übertragung der DRCS-Zeichen Zeit, und zwar 1 Sekunde für 6-7 Zeichen. Während dieser Zeit ist der Bildschirm inaktiv, bei ungeschickter Aufbereitung sogar schwarz. Dadurch können für den Nutzer Wartezeiten von etlichen Sekunden entstehen, die für ihn zum Ärgernis werden, wenn er am Ende nur ein Firmenzeichen oder eine nichtssagende Illustration erhält. Dem kurzen und knappen Medium Bildschirmtext steht solche Wartezeit diametral entgegen. Sie kann dem Nutzer nur dann zugemutet werden, wenn die Grafik eine sinnvolle Information erhält, z. B. den Grundriß eines vorher beschriebenen Immobilienangebots, die Abbildung einer neuen Briefmarke für den Sammler. Um den Nutzer auf den noch andauernden Ladevorgang hinzuweisen, gibt das Btx-System während der Übertragungszeit den Hinweis "Bitte warten".

Durch eine geschickte Dramaturgie des Bildaufbaus läßt sich in vielen Fällen die Wartezeit während des Ladevorgangs überbrücken. Wichtigstes Element ist dabei die vorgezogene Übertragung der Textinformation, so daß der Nutzer während des Ladevorgangs bereits mit Lesen beschäftigt ist. Die verzögerte Bildausgabe nimmt er dann nicht mehr als störende Wartezeit wahr. Die neue Systemtechnik ermöglicht über Combined-Seiten ein Überschreiben und Ergänzen von Btx-Seiten , z. B. die gezielte Anforderung von Abbildungen durch "Grundriß mit #", ohne daß die Seite, in die das Bild eingeblendet werden soll, vorher gelöscht werden muß. Solch bewußte Bildanforderung mindert ebenfalls den Warteeffekt während des Ladevorgangs.

Die erweiterten Darstellungsmöglichkeiten bedingen naturgemäß einen höheren technischen Aufwand im Btx-Decoder. Allerdings konnte dank der Weiterentwicklung der Halbleitertechnologie erreicht werden, daß der CEPT-Decoder 1983 nicht teurer war, als der Decoder nach altem Standard 1980. Die DBP erwartet, daß der Preis für einen Einbaudecoder von anfangs 1000 DM auf etwa 600 DM Ende 1984 und auf 300-400 DM in 1986 fallen wird. Eine große Bedeutung kommt dabei dem hochintegrierten Videoprozessor EUROM zu, der alle Darstellungsfunktionen des CEPT-Standards in einem einzigen Bauelement verarbeiten kann. Es ist besonders erfreulich, daß bereits zum Dienstbeginn relativ preiswerte Anbieter- und Teilnehmergeräte in konventioneller Technik im Handel erhältlich waren.

7. Kosten

Mit Bildschirmtext hat sich die Deutsche Bundespost das Ziel gesetzt, einen Dienst zu spürbar niedrigeren Kosten als für die kommerzielle Datenfernverarbeitung zu realisieren. Dabei sind alle Kostenelemente gleichermaßen berührt: die Terminalkosten, die Verbindungsgebühren und die anteiligen Kosten an der Softwarebenutzung, wobei Software hier sowohl die abgerufenen Informationen als auch die in Anspruch genommenen Verarbeitungsprogramme umfaßt.

Ein so niedriges Kostenniveau, daß Bildschirmtext auch für den Privatmann erschwinglich wird, kann nur erreicht werden, wenn die Zahl der Bildschirmtextteilnehmer bereits wenige Jahre nach der allgemeinen Einführung die Millionengrenze überschreitet. Dann sind die Produktionsmengen so groß, daß Decoder und Anschlußbox genügend billig werden, dann sind so viele Bildschirmtextzugänge vorhanden, daß sie überall zur Nahgebühr erreicht werden können.

Durch die Mitbenutzung des Fernsehgerätes wird für den Privatmann das Bildschirmtextterminal ausgehend von anfangs etwa 1 000 DM später nur noch geringe Mehrkosten verursachen. An Gebühren der Post fallen für den Teilnehmer neben der einmaligen Anschließungsgebühr von 55 DM eine monatliche Grundgebühr, die die Bereitstellung der Anschlußbox einschließt, von 8 DM sowie (nach Abschluß der Einführungsphase) die üblichen Telefongebühren zum Orts-/Nahtarif an. Zusätzlich sind besondere Leistungen, z. B. das Versenden von Mitteilungen, der Abruf von Angeboten anderer Regionalbereiche und die Einrichtung von Mitbenutzern zum eigenen Anschluß, mit Gebühren belegt, die allerdings erst stufenweise ab 1985/86 erhoben werden. Ebenfalls nutzungsabhängig sind die Anbietervergütungen, auf deren Höhe im Einzelfall vor dem Abruf einer vergütungspflichtigen Seite hingewiesen wird.

Die Anbieter haben durch ihre Gebühren den größeren Teil der Systemkosten zu tragen. Die Gebühren sind für sie bestimmten Leistungsgruppen zugeordnet, sc daß eine nutzungsadäquate Belastung entsteht. Ein regionales Angebot von 50 Btx-Seiten verursacht etwa 100 DM Gebühren/Monat und ist damit auch für kleinere Unternehmen bezahlbar. Bundesweite Anbietung, geschlossene Benutzergruppen, Mitteilungsdienst und Rechnerverbund bedingen entsprechend höhere Gebühren.

Der Betreiber eines externen Rechners muß eine Grundgebühr von 250 DM/Monat zahlen und die anfallenden DATEX-P-Gebühren übernehmen. Der Anbieter, von dessen Angebot aus die Verbindung initiiert wurde, wird mit 1 Pf je übertragener Dialogseite belastet. Die Übermittlung einfacher Auswahlbefehle sowie die Übertragung von Btx-Seiten oder Bildelementen aus dem externen Rechner sind dagegen nicht mit zusätzlichen Gebühren belegt. Für einen Standarddialog im Homebanking mit Verbindungsaufbau im DATEX-P-Netz, Teilnehmeridentifikation, Kontostandsabfragen und Überweisung betragen die Verkehrsgebühren im Bereich Btx und DATEX-P zusammen etwa 20 Pf.

Die Bildschirmtextgebühren der Post sind in Bild 5 aufgeführt.

Aufwendungen, die die Postgebühren erheblich übersteigen können, fallen bei Anbietern für Eingabegeräte, Anpassungen im Rechnerverbund und insbesondere für die Aufbereitung der Btx-Angebote an, und zwar unabhängig davon, ob die Arbeiten im eigenen Hause erledigt oder hierfür Agenturen beauftragt werden.

8. Entwicklungstrends

Die künftige Entwicklung von Bilschirmtext ist heute ein Feld für vielerlei Spekulationen. Wird die Teilnehmerzahl bis 1986 tatsächlich die Millionengrenze erreichen? Prognosen, Umfragen, Delphianalysen liefern die unterschiedlichsten Aussagen. Wir werden erst 1986 wissen, wie sich Bildschirmtext dann tatsächlich entwickelt haben wird.

Bis dahin aber müssen überhaupt erst einmal die technischen Voraussetzungen für den Anschluß der Btx-Teilnehmer geschaffen werden. Mit der Entscheidung für die Einführung von Bildschirmtext hat sich die Deutsche Bundespost 1981 entschlossen, bis Ende 1986 eine Systemkapazität für 1 Million Btx-Teilnehmer bereitzustellen. Die Investitionskosten betragen hierfür nur im engeren Btx-Bereich eine halbe Mrd DM, hinzu kommen allein bis Ende 1984 200 Mio DM für den Aufbau von Zugangspunkten im Fernsprechnetz.

Maßgebend für diesen Ausbau waren die für eine Btx-Nutzung ausreichend großen Potentiale im privaten und gewerblichen Bereich. An die 20 Millionen Haushalte werden 1986 Fernsehapparat und Telefon besitzen, jährlich werden über 2 Millionen neue Farbfernsehgeräte verkauft. 6 Millionen Haushalte können mit Sicherheit die zusätzlichen Btx-Gebühren aufbringen und hinter über 40 Millionen Girokonten stehen potentielle Btx-Homebanking-Kunden. Gleichermaßen große Potentiale liegen im gewerblichen und semiprofessionellen Bereich. 6 Millionen Nebenstellen und 2 Millionen Selbständige sind hier wichtige Eckwerte. Die 450 000 Einzelhändler, 100 000 Sammelbesteller, 340 000 Versicherungsvertreter und 150 000 Ärzte sind nur beispielhaft für die Gruppen aufgeführt, aus denen eine Btx-Teilnahme erwartet werden kann.

Für die Beurteilung der künftigen Entwicklung hat der Verlauf der Feldversuche wichtige Erkenntnisse geliefert. Wir wissen heute, daß der Umgang mit Bildschirmtext tatsächlich so einfach ist, wie es für einen Jedermanndienst sein muß. Und die Nutzung des Dienstes durch Teilnehmer und Anbieter zeigt, daß sich Bildschirmtext in den Versuchen bereits zu einem "normalen" Kommunikationsmittel entwickelt hat.

Im Rahmen der Versuche wurden insgesamt über 8 000 Btx-Geräte, davon 5 500 bei Nutzern, angeschlossen. Ein unerwartet starkes Interesse zeigte sich bei den Informationsanbietern. Ihre Zahl ist im Verlauf der Versuche auf über 2 000, zuzüglich etwa 2 500 Unteranbietern angewachsen. Mehr als 380 000 Informationsseiten wurden beschrieben und über 70 externe Rechner mit Bildschirmtext verbunden.

Die Nutzungsschwerpunkte lagen vorwiegend bei den interaktiven Diensten wie Kontoführung, Bestellungen, Austausch von Mitteilungen, aber auch beim Abruf aktueller Nachrichten und attraktiver Fach- und Produktinformation. Die Zahl der über Btx bedienten Girokonten ist auf über 10 000 angewachsen und der im Versandhandel bestellte Warenwert beläuft sich auf mehrere Millionen DM. Neben den mehr an privaten Teilnehmern orientierten Angeboten der Versuche wurde in zunehmendem Maß die Eignung von Bildschirmtext auch für die bildschirmorientierte Datenfernverarbeitung im geschäftliche Bereich deutlich. Hier hat die Verbindung zu privaten Datenverarbeitungsanlagen im Rechnerverbund eine besondere Bedeutung erlangt.

Wenn auch die derzeit gehandelten Prognosewerte für Ende 1986 zwischen knapp einer halben und einer ganzen Million Btx-Teilnehmer schwanken, so werden für die neunziger Jahre durchgängig sehr hohe Zuwachsraten angenommen, die nach dem Jahr 2000 in eine Vollversorgung analog Telefon und Fernsehen münden. In einigen Jahren werden wir wissen, ob dies Entwicklung tatsächlich so eintreffen wird.

Für die nächsten Jahre ist nicht nur die Entwicklung in der Bundesrepublik, sondern auch die anderer Länder interessant. Für die Industrienationen kann wohl ein gleichartiger Verlauf angenommen werden, wenngleich auch die Bundespost mit ihrer Dienstkonzeption eine Vorreiterfunktion übernommen hat. Die Bundesrepublik hat ihren Btx-Dienst als erstes Land auf den neuen europäischen CEPT-tSandard umgestellt. Die anderen Länder haben seine Einführung bereits terminiert oder beobachten sehr aufmerksam, wie sich dieser Standard in der Praxis bewährt. Ländern mit einem größeren Bestand an Geräten nach altem Standard, wie England, Holland und insbesondere Frankreich, bereitet die Einführung des CEPT-Standards allerdings besondere Probleme. Die nächsten Jahre werden zeigen, inwieweit die Chance für die Schaffung länderübergreifender Dienste und internationaler Märkte mit großen Stückzahlen und niedrigen Preisen genutzt worden ist.

9. Ausblick

Mit Bildschirmtext stellt die Deutsche Bundespost einen neuen Informations- und Kommunikationsdienst zur Verfügung, der alle Voraussetzungen für eine große Verbreitung im privaten und gewerblichen Bereich erfüllt. Durch einen zügigen Netzausbau wird der Dienst bereits bis Mitte 1985 flächendeckend zur günstigen Orts-/-Nahgebühr nutzbar sein, so daß Benachteiligungen strukturschwacher Gebiete vermieden werden können. Ende 1986 werden Anschlußkapazitäten für bis zu einer Million Btx-Teilnehmer zur Verfügung stehen.

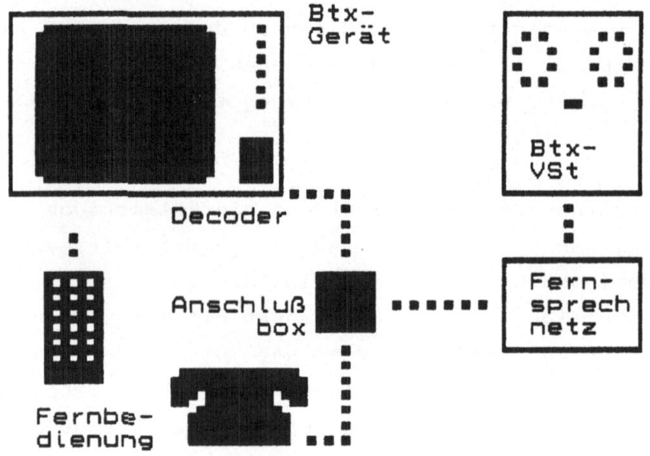

Bild 1:
Der Btx-Anschluß

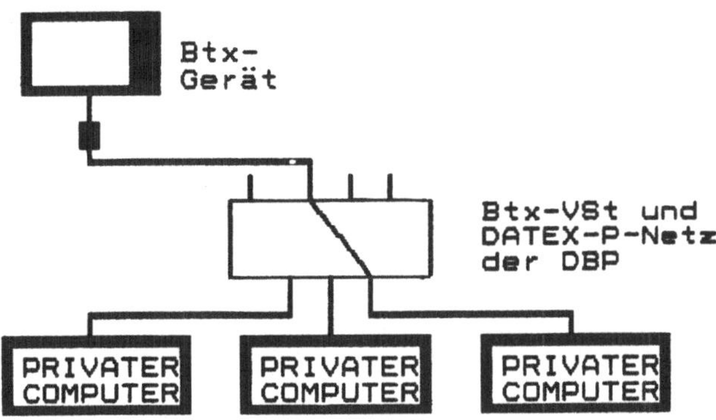

Bild 2:
Der Btx-Rechnerverbund

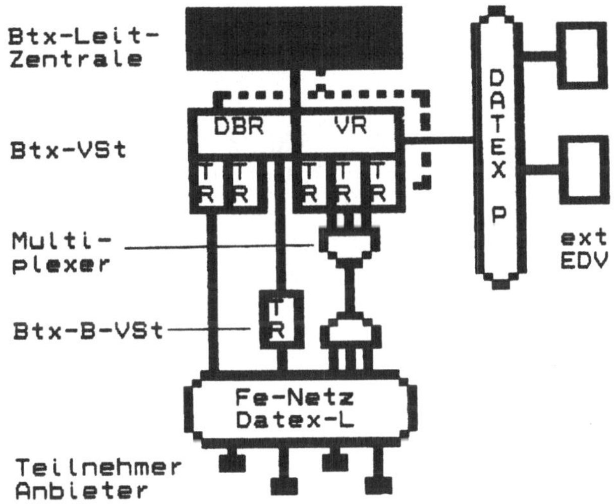

Bild 3:
Das Btx-Netz

Deutsche Bundespost 0,00DM

German Exhibition Tokyo '84

テレビ ソシテ 11
ビルトシルムテキスト ノ
コウセイ 12
ビルトシルムテキスト ノ
サンカシャ 13
ブンデスポスト ノ ヤクワリ . 14
セカイ ノ ビデオテックス .. 15

ニッポン ノ ビデオテックス.. 16

ビデオテック デ ムスブ
ニッポン－ドイツ:12000km 17

ドイツ ノ ニュース 18
カイジョウ ノ ニュース ... 19

アナタ ノ イケン ハ 21
サテ アナタ ハ ドコマデ .. 22

ビルトシルムテキスト
ソノホカ ニハ

Bosch 23
Lufthansa 24

Post

7875001a

Bild 4:
Btx-Seite im CEPT-Standard
(nichtlateinische Schrift)

Nr.	Gegenstand	Gebühr DM	Bezugsgröße	Anm.
1.	Gebühren für den Btx-Teilnehmer			
1.1	Monatliche Gebühr	8,--	Btx-Anschluß	-
1.2	Mitbenutzerkennung	0,05	Mitben./Tag	1
1.3	Absenden einer Mitteilung	0,40	Seite	1
1.4	Empfängerliste f.d. Versend. gleichl. Mittlg.	0,005	Empf./Tag	1
1.5	Speichern einer abgerufenen Mitteilung	0,015	Seite/Tag	1
1.6	Abrufen aus fremden regionalen Bereichen	0,02	Seite	1
2.	Gebühren für den Btx-Anbieter			
2.1	Monatliche Gebühr, bundesweit	350,--	Leitseite	2
2.2	Monatliche Gebühr, erster regionaler Ber.	50,--	Leitseite	-
2.3	Monatliche Gebühr, weiterer regional. Ber.	15,--	Leitseite	2
2.4	Speichern einer Btx-Seite, bundesweit	0,075	Seite/Tag	1
2.5	Speichern einer Btx-Seite, regionaler Ber.	0,015	Seite/Tag	1
2.6	Berechtigung f. geschloss. Benutzergr. (GBG)	50,--	Monat	-
2.7	Berechtigungsliste für GBG	0,015	Adresse/Tag	1
2.8	Verb. externer Rechner m.d. Btx-System	250,--	DxP.HAs/Monat	-
2.9	Übertragen einer Seite nach ext. Rechnern	0,01	Seite	1
2.10	Absenden einer Antwortseite zum Anbieter	0,30	Seite	1
2.11	Speichern einer abgerufenen Antwortseite	0,015	Seite/Tag	1
2.12	Eingeben von Btx-Seiten mit Benutzerführung	0,02	Minute	1
2.13	Einarbeiten von Btx-Seiten, zeitgleich	0,10	Seite	1
2.14	Einarbeiten von Btx-Seiten, verzögert	0,05	Seite	1
2.15	Übernehmen v. Btx. S. v. materiell. Datenträg.	20,--	Datenträger	2
2.16	Eintrag in Anbieterliste, Stichwortverzeichn.	0,05	Stichw./Tag	1
2.17	Bearbeiten der Anbietervergütung, Grundbetr.	20,--	Gutschrift	-
2.18	Bearbeiten der Anbietervergütung, Zuschlag	2 %	Verg.-Betr.	-
3.	Einmalige Gebühren			
3.1	Änd. ein. best. Teilnehmerverhältnisses in ein Btx-Teilnehmerverhältnis	55,--	Btx-Anschl.	-
3.2	Berecht. f.d. Herst. v. Verb. zu e. ext. Rechner	55,--	Zuteilung der	-
3.3	Berecht. z. Eingeb. v. Btx-S.m. Zut. e. Leitseite	55,--	Berechtigung	-
3.4	Berecht. für geschlossene Benutzergruppe	55,--	"	-
3.5	Berecht. für den Anschluß eines ext. Rechners	55,--	"	-
4.	Sonstige Gebühren			
4.1	Aufstellung der erhob. Vergütung, erstes Blatt	12,--	Antrag	-
4.2	Aufstellung der erhob. Vergütung, weit. Blätter	1,40	Blatt	-

Anmerkung:

1) Die Gebühr wird bis 31.12.84 nicht, ab 01.01.85 zur Hälfte und ab 01.01.86 in voller Höhe erhoben.

2) Die Gebühr wird erst ab 01.01.85 erhoben.

Eine Verschiebung der Termine um ein halbes Jahr ist vorgesehen.

Die tagesbezogenen Gebühren gelten jeweils für einen Kalendertag; angefangene Tage zählen als volle Tage.

Unter Seite ist im Bildschirmtextdienst der Nachrichteninhalt einschl. Steuersignale zu verstehen, der als eigenständig abrufbarer Bildschirminhalt abgebildet wird. Jeweils angefangene 1900 Bytes zählen dabei als volle Seite.

Für die Benutzung anderer Fernmeldedienste fallen die dort geltenden Gebühren zusätzlich an.

BILD 5 - Gebühren für den Bildschirmtextdienst

Bildschirmtext - Present State and Developments

Eric Danke, Bonn

Bildschirmtext (Btx), the German interactive videotex service, was made generally available in the Federal Republic of Germany by the German Postal Administration in September 1983 after a 5-year experimental period. However, until a new system goes into operation in May 1984, there are some capacity and performance restrictions.

The main performance features of the German Btx service are

- access to prepared pages of data
- individual data exchange between subscribers
- connection to affiliated EDP installations
- access restrictions for closed user groups
- collection of information provider fees.

Considerable changes have in part been made as compared to the test phase. A completely new system, which the IBM corporation was commissioned to develop after winning the contract, has gone into operation. Connection to affiliated EDP installations has been converted to the ISO reference model which was developed under the supervision of the Federal Ministry of the Interior. In addition to various functional improvements the most striking change is the adoption of the new European graphic display standard.

The new graphic display standard was elaborated by the European Conference of Postal and Telecommunication Administrations (CEPT). It is based on character-oriented alphamosaic graphic elements and has the following features:

- international alphabetic character set

- extended graphics repertoire
- remote loading of characters for non-Latin alphabets, symbols and small-scale graphics
- free positioning of attributes (colours, etc)
- serial and parallel use of attributes
- full screen colour utilization
- expandable for telesoftware, alphageometry, alphaphotography, etc.

The new standard renders Bildschirmtext extremely pleasing in appearance. The high pixel resolution of 480 dots per line guarantees particularly good print quality, so that Btx equipment now fulfils the ergonomic demands made on a video workstation.

At the close of the experimental phases some 8000 Btx units were in operation. More than 2000 suppliers offered 350,000 Btx pages and 56 external computers were linked to the Btx system. Besides numerous other applications more than 10,000 giro accounts were connected to the homebanking services of 8 banking institutions.

The decision in principle to make Bildschirmtext generally available was taken by the Federal Government in June 1981. The favourable acceptance during the test phase and the strong interest of information providers make its development into a mass service appear extremely likely, especially if we bear in mind the reasonable fees and the expected price developments in regard to terminal devices.

In extending the Btx service the German Postal Administration projects a million subscribers by the end of 1986. One third of these are expected from the private sector and two thirds from the business and semiprofessional sectors. By mid 1985 the service will be available everywhere at local-call charge.

Concept of the Commercial CAPTAIN SYSTEM

Hirohito Nakajima, Tokyo

1. Introduction

The CAPTAIN system, a videotex in Japan, developed by NTT under the guidance of the Ministry of Post and Telecommunications, has been enhanced system functions and enlarged system scale with 2,000 user terminals and 200,000 display frames after the first experimental service from December, 1979.

Now the number of companies providing information is 330, and the information itself spread to various kinds of service such as information retrieval, shopping, stock information, flight information and so on.

Reflecting the success and prospecting of the experiment, commercialized videotex service will begin in November, 1984.

The commercialized service will be expected into a nationwide network service. It is hoped that the videotex service will steadily expand with the facsimile network service as forerunners of INS.

This paper describes the outline of the CAPTAIN system and its background of system development.

2. Background of system development

2.1 Objectives of visual communication services

The main objective for developing the visual information system is to popularize the information service, realizing an easy-to-handle terminal and offering the service at low cost.

As today's society is growing more industralized and advanced, a greater amount and more kinds of information are required by an ever wider range of people.

Mass communication media, such as newspaper, TV and radio broadcasting are fully developed at present. The mass communication media, however, provides a one way information service, so people cannot sufficiently obtain any information they desire at the desired time. A system which can supply the information as and when required is enthusiastically demanded in today's highly industralized society.

An interactive visual information system is expected to meet this demand and help to make individual life richer and business activities more efficient.

2.2 Center-to-end type interactive video system general features

There are many types of video communication anticipated for the future. They are classified in Table 1 in respect to their features.

Video communications technology development has been dominant in end-to-end type systems, except in TV broadcasting systems. It is also important, however, to develop center-to-end type systems, which will provide versatile services for the future.

A center-to-end system has the following features.

(1) System utility does not depend so much on the number of subscribers, as in the case of the end-to-end type system. Therefore, sufficient utility can be gained even when the number of subscribers is small.

(2) Video information is suitable for a center-to-end type information system. Moreover, the center-to-end type interactive system, which stipulates using an individualized network, has the following features.

(3) Each subscriber can independently select abundant information in the form of a video signal at any time by taking advantage of an individually distributed network.

(4) The system has sufficient flexibility to handle more subscribers and service programs.

2.3 Progress of interactive visual information systems in Japan

Investigation of an interactive visual information system using a television set as a terminal started in Japan in 1974.

At that time, NTT was supplying a video transmission service, has confirmed engineering techniques of a video telephone system, and was developing a video conference system. These systems were all end-to-end type communication systems, so NTT could guess their characteristics somewhat by past experience.

To develop a center-to-end type interactive visual information system, though, NTT had to confirm some definite items, such as system parameters involving psychological effects which make man-machine communication effective, a composition of information center, an information input method, and so on.

There are two kinds of center-to-end type interactive visual information systems, one using broadband and the other narrowband transmission lines.

Considering user terminal cost, service function, and level of engineering at that time, NTT started to develop the VRS (Video Response System) by using broadband transmission lines. Then, using there engineering techniques, NTT has developed the CAPTAIN system as a narrowband one, under a prospect of cost reduction of Kanji character generator.

3. Present status of the experimental CAPTAIN services

(1) User terminals

About two thousand user terminals are allocated in the Tokyo metropolitan area, and classified into four categories: 1,000 terminals for residential users, 500 terminals for business users, 400 terminals for information provides and 100 terminals for exhibition and equipment for system development.

(2) Information providers

About 300 information providers input visual information. (Table 2) After the announcement of a commercial CAPTAIN was carried out, many companies became information providers. The number is now increasing.

(3) Service functions

In addition to the ordinary information retrieval service, the closed user group service, order entry service and external computer service are provided.

The closed user group service makes it possible for the information provider to provide particular information to the members of the group and prohibit access by non-member users. 45 kinds of closed user services were provided.

The order entry service makes it possible for users to input necessary information to the system by following the procedure displayed on the screen. This function is utilized in many kinds of services, such as home shopping, quiz applications, catalogue requirements and questionaires. 6 kinds of order entry services were provided.

To increase the attractiveness of the service, it is very important to provide many kinds of services by connecting with various external computer centers. The CAPTAIN center connects to four external computer centers: stock information, an airlines, a travel agency and a newspaper group.

(4) Stored display frames

About 200,000 display frames are stored in the CAPTAIN center. This frame number is the maximum value of the experimental system. (Table 3)

4. Commercial CAPTAIN system outline

The commercial videotex system will be composed of such services as the videotex communication network, information centers, user terminals and information input terminals. (Fig. 1)

4.1 Videotex communication network

The videotex communication network is composed of the Videotex Communication Processor (VCP), Videotex Multiplexer (VMUX), and public telephone network. The user terminals will be connected to the information centers by dialing the number of the information centers of their choice. Once the user is connected to the chosen information center, retrieval can be done from the keypad of the user terminal. The information transmission speed for downstream or upstream is 4.8 Kb/s or 75 b/s respectively.

(1) Videotex Communication Processor

This acts as the central core of the videotex communication network and has various communication processing functions. For example, the media conversion function which converts code information into dot pattern information; various protocol conversion functions necessary between the information centers and user terminals; the connection function for information centers; the code compression function for image information; the function to record the communication charge for the videotex communication network to each user; the function to record the information charge collected from users to be paid to the information centers or information providers.

(2) Videotex Multiplexer

This unit makes the high speed multiplex transmission (by public telephone line) possible, in order to gather access to the network from distant cities.

(3) Public Telephone Network

The network has the function to converge the calls from user terminals and inform the Videotex communication processor of the identification number of the caller.

4.2 Information Centers

These centers can be largely divided into two types. One is the CAPTAIN information Center which can be shared commonly by information providers, and the other is provided by the information provider as external centers. The CAPTAIN Information Center is composed of the

CAPTAIN Information Processing Unit and CAPTAIN Editing Unit. The former has functions which include the input, storage, retrieval, renewal, and editing of image information; and reservation, ordering service; and membership service. The CAPTAIN Editing Unit will be able to edit the screen by using the Kana-Kanji conversing method [method to transform Kana (Japanese Characters) into Kanji (Chinese Characters)] through the conversational process with the Basic Editing Type terminals. The external centers will include the existing computer systems in various fields such as banking, seat reservations, stock information, travelling information, etc.

4.3 User terminals

Various types of user terminals can be considered, such as an ordinary TV set with adaptor or built in, personal computer, word processor, etc.

These terminals can be based either on the dot pattern transmission method or on the hybrid transmission method, in which characters (Kanji, Kana, alphanumerics, etc.) are transmitted in coded from and various graphics are transmitted in dot pattern form. As the information presentation functions, several functions, such as normal or high density presentation, melody and so on, can be provided. These types and functions of the user terminal are distinguished by the user terminal class to the network. The presentation level protocol syntax is compatible to the Japanese Teletext one.

According to the various surveys during the experimental period, the function of recording images on the screen is prerequisite to the commercial service. Therefore, it will be one of the greatest advantages of CAPTAIN that the hard copy equipment which is connected to user terminals, can print out an image in only five seconds. In order to meet the diversity in terminals, it is considered as a principle, that users should purchase the terminal of their choice directly from electrical appliances stores or distributers.

4.4 Information Input Terminals

There are several kinds of information input terminals, by which the complete image can be composed directly, and they are classified into two categories. One is able to input both characters and graphics, and the other is able to input characters only.

One of the terminals of the former one, which has a direct reading unit based on the facsimile principle or the TV camera principle, can read various graphics and digitize them into dot-pattern images automatically. One of the terminals of the latter one is able to convert the Kana character strings inputted by Kana keyboard into the Kanji character strings by referring to the Kanji dictionary which contains about 100,000 Kanji idioms and is able to arrange the Kanji strings into the necessary position. This terminal also has the facilities to edit the frames like a word-processor.

An editing type into terminal by which the image can be composed through conversation with the CAPTAIN Editing Unit. The editing type input terminal has many functions. For example, it can compose, register and update the image information easily and rapidly (even a graphic can be composed in about a quarter minutes) by the conversational process with the CAPTAIN Editing Unit in online mode.

5. Commercial CAPTAIN service outline

5.1 Service areas

The videotex communication network, combination with the ordinary telephone network as its foothold, is restricted to its service area by the facility of originating a terminal identification number which is provided at a local telephone exchange. The first videotex service is planned to be cutover in the Tokyo metropolitan area. Then the network will be expanded to big cities according to the demand. Depending on the demand, the service areas will be about 100 cities throughout Japan up to 1987.

5.2 Service functions

To stimulate the spread of a commercial videotex service, the NTT will provide a shared type of facilities and equipment for the time being, so that information providers who do not have their own computer systems can economically provide a wide variety of videotex services. With the establishment of the CAPTAIN Information Center, various services as follows will be made available.

(1) Information retrieval service

This service is the retrieval of the image information requested from user terminals. Information providers are provided with image file and can store the image information in it.

(2) Order entry service

This service is to handle the reservations, orderings and subscriptions, etc., for seats, hotel accommodation, homeshopping, mail-ordering, questionnaires and applications, etc. A wide range of its use is expected, as it will be able to transmit the input data from the user terminals as it is, or in an edited form to the information providers.

(3) Closed user Group Service (C.U.G. Service)

This service allows the information providers to provide specific information to specific members. For example, it could be used as a liaison network inside a company or between the headquarters and branch offices. It could also be used in cases when the information provider wishes to provide service to certain users.

(4) Image information registration service

This service is to register, renew, store and edit the image information from terminals or computers into the CAPTAIN Information Center. When input is done by a computer, such services are possible as organizing the image information into the registered frame on users' request and outputting it to the user terminals.

5.3 Expected service fields

During the initial period, the experimental CAPTAIN system aimed at mainly providing the retrieval services of news, weather forecasts, hobbies, leisure, etc. However, the commercial videotex service is expected to provide such diversified transaction services as seat reservation service, accommodation reservation service, stock information service, etc., besides the pre-mentioned services, through connecting the existing computer systems to the videotex network. The fields expected are shown in Table 4.

5.4 Organization for promoting and disseminating

The videotex services are composed of three main components such as a network, terminals and information. In providing the service, it is necessary for each component to cooperate with each other. NTT will be responsible for the videotex communication network, hardware manufacturers for the terminal facilities and information providers for the information.

Moreover, in order to coordinate and to promote this cooperation, a new operating corporation is to be established.

The activities of the new corporation are mainly as follows:

(a) Construction of databases satisfying the users' needs; systematization of information and guide to information.

(b) Business activities for promoting the use of the network services and operation activities for the CAPTAIN Information Center, as the operating trusted by the NTT.

(c) Sales of terminals in order to increase the demand at an early stage of the commercial service.

5.5 Charges

The charges for the commercial videotex services are now being considered and are expected to turn out as in Fig. 2.

(1) Charges for users

The charges which the users pay are divided into communication charges for using the system and information charges for the information itself. The communication charge is assumed to be around the level of 30 yen per 3 minutes according to a rough estimation at present. This charge is now being studied from the view point to dissolve the regional differences by trying to reduce the increase in charges due to distance as much as possible. The charging system is going to be considered to meet the real usage and to make the service easier to use.

On the other hand, the information charge will still depend mostly on the future consideration of the information providers. However, the basic concept is that the charges are freely decided by the information providers according to the contents of the information. For instance, charges per frame or a membership type montly charge. Information itself may not always be available for free, but there will also be many cases where information will be available without charge considering the great amount of information aimed at improving sales and services, such as commercials, reservations, mail-ordering and also the information on the activities of public organizations.

The information charge would result in collecting small amounts of bills. If this is done one by one, it would be troublesome for both sides, so, such system that NTT collects as a proxy is also being studied.

(2) Charges for information providers

This can be divided into the charges paid to NTT for the use of the system and the charges paid to the operating corporation for the systematization and guide of information. Concerning the user of the system, the necessary charges are the one for connecting the information provider's computer system to the network and the one such as image file usage fees and image information input fees paid for using the CAPTAIN Information Center.

6. Conclusion

The commercial CAPTAIN system will start its service from November, 1984. When many information computer systems in various fields are connected to this system, together with the wide range of terminal types, a very widespread and comprehensive service will become available through the videotex communication network. Especially in the stage when videotex is frequently used as a transmission media of goods and money flow, it will play a significant role in the socio-economic activities and individual life of Japanese people.

The future promotion and development of the system is greatly expected.

Table 1. Classification of Video Communication Services

<table>
<tr><th colspan="5">Information Flow</th><th>Service Form</th><th>Application Examples*</th></tr>
<tr><td rowspan="2">E-E (terminal-terminal)</td><td colspan="4">Without switching function</td><td>Exclusive type</td><td>ITV, Video Conference, Facsimile</td></tr>
<tr><td colspan="4">With switching function</td><td>Exchange type</td><td>Video Telephone, Telephone Facsimile</td></tr>
<tr><td rowspan="5">C-E (center-terminal)</td><td rowspan="4">Uni-directional</td><td rowspan="3">Down (C-E)</td><td rowspan="2">Simultaneous</td><td>No up-response</td><td>Broadcasting type</td><td>TV Broadcasting, Retransmission, Independent Broadcasting</td></tr>
<tr><td>With up-response</td><td>Interactive TV broadcasting response type</td><td>Public Opinion Survey, Mass Education</td></tr>
<tr><td colspan="2">Individual</td><td>Individual request type</td><td>CAI, Video Information Indexing, Shopping, Reservations</td></tr>
<tr><td colspan="3">Up (E-C)</td><td>Information collecting type</td><td>Monitoring, Telemetering</td></tr>
<tr><td colspan="4">Bi-directional</td><td>Bi-directional type</td><td>Counseling, Remote Medical Diagnosis</td></tr>
</table>

*** Existing services are underlined.**

Table 2. Number of Information Providers (as of July, '83)

Categories of Members	Number
Newspapers	27
Broadcasting Companies	9
Department Stores & Commerce	47
Advertising Agencies	22
Publishers	35
Travel Agencies	20
Banks & Finance	79
Manufacturers	13
Public Corporations/Others	61
Total	313

Table 3. Number of Stored Frames (as of Aug. '83)

Category	Number of Frame
News & Weather Reports	12,993
Public Information	17,924
Health & Beauty	2,020
Shopping Guides	6,403
Cooking	6,437
Housing & Real Estate	3,124
Home Economics & Law	5,248
General Knowledge for Living	10,828
Education & Culture	21,484
Sports	10,799
Amusements & Hobbies	45,312
Travel & Sightseeing	10,037
Business Information	8,365
Information in English	1,270
Town Guides	408
Others (ex. Contents, Captain Sample)	31,872
Total	194,524

Table 4. Fields Expected to be Provided from Information Centers

Field	Company	Service Provided	User	Purposes of Using/ Providing Service
1 Banks	• City Banks • Local Banks • Mutual Financing Banks • Credit Guilds • Credit Unions	Information on: • Balance • Money received • Automatic payments • Unregistered accounts • Remittance Calculation of various loans	• Business/ Home	• Convenience • To cultivate new depositors • Improvement in service
2 Seat Reservations	• Air Transportation • Railroad Transportation	• Seat Reservation • Vacancy Information • Timetable Information	"	• Convenience • Promptness • Increase of sales
3 Accommodation Reservations	• Travel Agents • Hotel Association • Private Lodging Association	• Accommodation Reservations • Vacancy Information	Home	"
4 Stock Market	• Stock Information Associations	• Stock Information	Business/ Home	Promptness
5 Insurance	• Life Insurance • Non-life Insurance	Information on: • Insurance Business • Insurance Contracts • Claim Premiums	"	Conveniences, Improvement of Sales
6 Credit Cards	• Credit Companies • Department Stores	• Details of Purchased Goods • Subscriptions for Cards and Loans • Balance Sheet of Credit Accounts	Home	• Convenience • Improvement of Sales
7 Exchange Rate	• Banks	• Exchange Rate Information	Business	• Promptness
8 Mail-ordering	• Department Stores • Supermarkets • Publishers	Home Shopping	Home	• Improvement of Sales • Expansion of Sales Routes

Field	Company	Service Provided	User	Purposes of Using/ Providing Servide
9 Distribution	• Wholesalers • Retail Stores • Chain Stores • Parent Companies and Subcontractors	• Stores Management • Orders for Parts • Notice of Sales	• Business	• Rationalization of Sales • Expansion of Sales Routes
10 Real Estate	• Real Estate Dealers • Trust Banks	• Real Estate Information	Business/ Home	• Promptness • Convenience
11 Education	Publishers	• Entrance Exams Information • Guide to Schools of One's Choice • Education Information	"	• Consultation for Entrance Exams • Personal Education
12 Horse Racing	Horse Racing Association	• Ticket Sales • Odds Information	• Home	• Convenience • Improvement in Sales
13 Specialized Information	Data Base Centers	• Retrieval of Judicial Precedents • Bibliographic Retrieval • Pharmaceutical Products Retrieval • Article Retrieval	• Business	• Convenience • Openness of Information • Joint Usage
14 Calculation	Calculation Center	• Calculation Service • Tele-Software	Business/ Home	• Convenience • Provision of Leisure

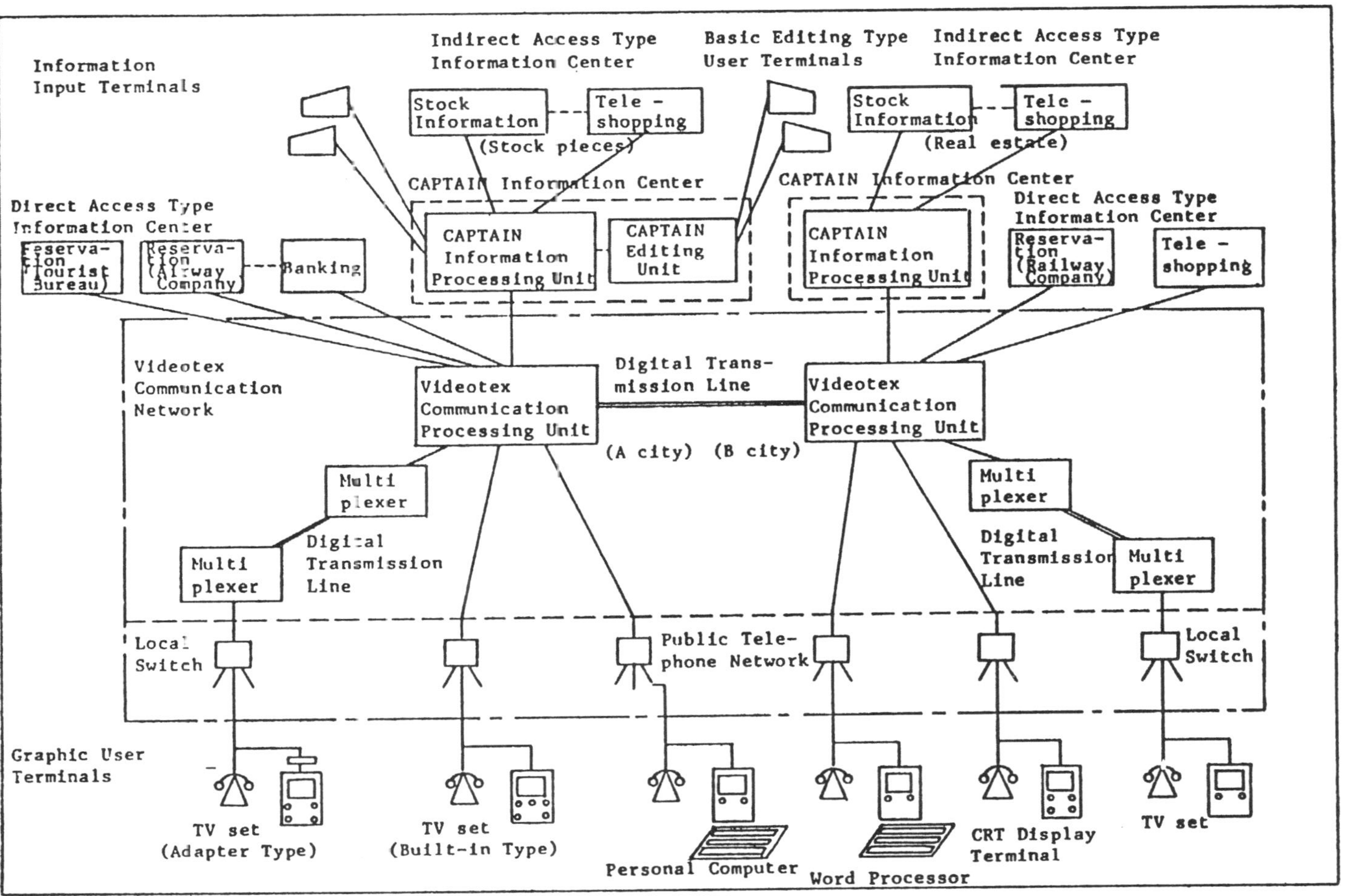

Fig. 1 Videotex Communication System Configuration

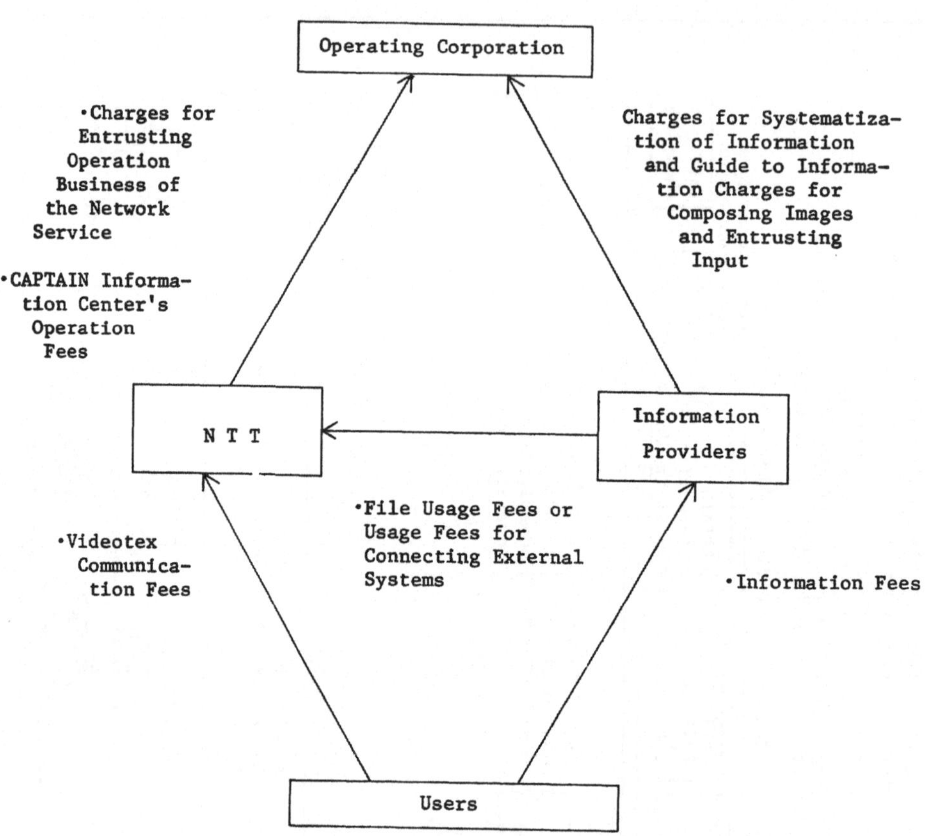

Fig. 2 Flow of Charges

Text Broadcasting Systems in Japan

Yasutaka Numaguchi, Tokyo

1. Introduction

Broadcasting service has been playing a major role in providing information as well as home entertainment for the public. Conventional broadcasting systems, however, have become inadequate to satisfy increased and diversified public needs for information.

To cope with this situation, new broadcasting systems for information service have been developed in various countries.(1) Among these, text broadcasting systems such as teletext and televison facsimile are characterized by capability of providing prompt and varied information in more selective, accessible and recordable forms and by efficient use of existing broadcasting channels.

The text broadcasting systems have been developed in Japan since late 1960's as well as other new broadcasting systems. The first generation teletext has been recently in operation, and the second generation teletext and television facsimile are now being developed. This paper describes the present status of technical development and outlines of these systems.

2. Teletext

2.1 History of development

Teletext has been developed in Japan since early 1970's as in Europe. For the development of Japanese teletext, however, it was necessary to make different approach from European teletext, because of complexity and enormous number of Japanese characters.

European teletext utilizes alphanumeric coding. Although this coding is the most efficient scheme, it requires a character generator in the decoder. If the same coding is applied to Japanese teletext, the character generator is required to have much larger capacity than European teletext. It was difficult to realize such a character generator at a reasonable cost with the semiconductor technology at that time. Therefore, the first generation systems were developed by using photographic coding. With this coding, data of characters are transmitted in a form of picture elements and no character generator is required, although the transmission speed is slow compared to that of alphanumeric coding.

In 1973, the systems were first demonstrated by NHK (Japan Broadcasting Corporation) and ABC (Asahi Broadcasting Company). Since then, these systems have been further improved to enhance the performance.

In Japan, technical standards for radio communications and broadcasting are studied and drafted by the Radio Technical Council (an advisory committee to the Ministry of Posts and Telecommunications). The members of the Council studying broadcasting systems consist of NHK, commercial broadcasters, manufacturers and other organizations.

Study of an unified technical standard for the teletext using photographic coding was started by the Council in 1977, which is called "Pattern system". After a number of laboratory and field tests, the technical standard based on the NHK system was proposed to the Ministry in 1981.(2)

In 1982, the Ministry issued rules and regulations on the system so as to make it possible to introduce teletext services. In October 1983, NHK started pre-operational teletext service in Tokyo and Osaka areas, primarily intended for hearing-impaired viewers.

On the other hand, rapid progress of semiconductor technology since late 1970's has made it posssible to introduce a character generator in the teletext decoder in the near future. For this reason, the second generation systems based on alphanumeric coding have also been developed by NHK and ABC, and a system using alpha-mozaic-DRCS coding was first demonstrated by NHK in 1979.

Study of an unified technical standard for the second generation teletext was started by the Council in 1981 and the basic parameters for the system using alpha-mozaic-DRCS-photographic coding were proposed to the Ministry in 1983,(3) and detailed specifications for the system are being drafted. This system is called "Hybrid system".

NHK and several commercial broadcasters are now conducting laboratory and field tests of the system. It is expected that the final draft of the technical standard will be completed and proposed to the Ministry by the end of next fiscal year, March 1985.

2.2 Display of Japanese characters

Japanese characters consist of Kanji (Chinese characters) and Kana (Japanese alphabet) and Kanji characters usually occupy 40 to 50 % in number in Japanese text.

To display a Kanji character in dots, it is necessary to use more than 24 x 24 dots. However, most of Kanji characters in daily use are legible with fewer dots. In Japanese teletext and videotex, the number of dots is confined to 15 x 18 dots in order to display the characters as much as possible. A conventional television receiver for the 525-line system used in Japan can display 270 x 220 dots on the screen. Therefore, it can display about 140 characters including margins and spaces between the characters and the rows. To display a Kana character, fewer dots such as 7 x 9 can be used. Therefore, Kana characters can be displayed smaller in size and larger in number than Kanji characters.

In alphanumeric coding, it is necessary to determine the kind of characters to be accommodated in the character generator, while there are no limitations in photographic coding. A code set of Japanese characters for information exchange is standardized by JISC (Japanese Industrial Standards Committee).(4) It uses two-byte codes and classifies the characters in two groups, level 1 and level 2. Level 1 includes 2965 Kanji characters and 453 non-Kanji characters including Kana, Latin, Greek and Russian alphabets, numbers and notations and level 2 covers 3844 additional Kanji characters. The characters in level 1 are chosen so as to cover more than 99 % of the characters used for newspapers, magazines and modern literatures. However, the characters in level 2 and extra characters are also necessary for exact expressions of classical literatures, names of Chinese people and geographical names in China.

It is considered not economical to use a character generator of full set even with the present semiconductor technology. In the teletext and videotex, the generator is used to reproduce level 1 characters plus 239 optional non-Kanji characters and DRCS coding is utilized to convey level 2 and extra characters.

2.3 Transmission

In data broadcasting utilizing a television channel such as teletext, it is important to choose transmission parameters such as bit rate and structure of data packet so as to adapt for the television system used.

A transmission bit rate of 5.727272 Mbit/s has been adopted for Japanese teletext based on the extensive studies carried out by NHK.(3)(5) This bit rate is introduced into U.S. and Canadian teletext systems, which use the 525-line television system.

Structure of the data packet is devised so as to use not only for teletext but also for other data broadcasting systems. Figure 1 shows basic structure of the packet. Since it has a service indentification code, it can be easily utilized for the systems for other data services such as telesoftware and digital facsimile.

It has been confirmed that these parameters can be used for satellite television broadcasting as they are.

For the transmission of the data packets, only three lines in the field blanking interval of a televison signal can be used in Japanese television system at present because of interference with old receivers, but the usable space can be extended to eight lines in the near future.

Another important problem is protection against errors of the received data signal caused by interference such as noise and ghosts.

In photographic coding, data errors cause no character errors. They only appear as irregular dots on the screen. In alphanumeric coding, however, the errors cause character errors on the screen, if the data have no protection measure.

Since Kanji characters are ideographs, they can convey more information per character than Latin alphabet. A Kanji character corresponds to 0.5 to 1 word of Latin alphabet. Therefore, the same information is conveyed with less characters in Japanese than in European languages. A study showed that the number of characters in Japanese text is 1/1.9 to 1/2.5 of that in English text. This means that the errors of Japanese characters are more fatal than those of Latin alphabet.

Studies of the error protection carried out by NHK showed that conventional error protection methods used for European teletext systems were insufficient for Japanese teletext utilizing alphanumeric coding. To cope with this problem, a new protection method called BEST has been developed by NHK.(3) The results of laboratory and field tests on this method showed that 99 % of pages were received without error even in fringe areas with weak signal and urban areas with heavy ghost interference, while less than 70 % of pages were received without error with the conventional methods. This method is adopted for the specifications for the second generation teletext.

2.4 <u>Outline of the systems</u>

As is described in Section 1, the technical standard for the first generation teletext (Pattern system) has already been set up and development of the second generation teletext (Hybrid system) is now underway. Table 1 gives outlines of the standard for Pattern system and the basic parameters for Hybrid system. The parameters for both the systems are compatible with those for Captain system at the presentation level.

2.4.1 <u>Pattern system</u>(2)(6)(7)

This system utilizes photographic coding for the presentation of text and gaphics. The decoder requires no character generator but a frame memory of 55 kbit.

The features of this sytem are simplicity of data transmission, easy presentation of complicated characters and fine graphics, ruggedness to data errors and fabrication of the decoder at low cost. The system, however, has a potential demerit in transmission speed.

The text can be displayed in four modes: page display, superimposed display, subtitle display, vertical scroll display and horizontal scroll display. Of these, the page display is fundamental.

Each page is composed of 248 x 204 dots and the text and graphics can be displayed with the same resolution. The page is also composed of 31 x 17 attribute blocks each consisting of 8 x 12 dots and these blocks are used for colouring, flashing and concealing. On this page, 15 characters x 8 rows of standard characters consisting of Kanji and Kana or 31 characters x 16 rows of small characters consisting of Kana, Latin alphabet and numbers can be displayed together with a page header. The page header is used to display the programme and page numbers, the time, the date and the name of station with small characters.

The data are conveyed by the data packets shown in Figure 1 and the data in a packet correspond to a horizontal line of dots on the screen. Page control codes and attribute control codes are also transmitted by other packets. Figure 2 shows transmission sequence of these packets. The packets of a page are transmitted by every one line in every field blanking interval of a television signal. It takes 4 seconds to transmit a page. But when the page is composed of characters only, the transmission rate can be reduced to 3.1 seconds by omitting the transmission of spaces between rows. Therefore, 8 to 10 pages can be transmitted in a 32 second sequence by utilizing a line per field.

Figure 3 shows examples of the pages copied by a printer.

2.4.2 Hybrid system(3)

This system is intended to increase transmission speed of text and graphics and further to enhance capability of display. It is also possible to transmit electronic music, which is used as background music or sound effect for text information.

The system utilizes alpha-DRCS coding for the presentation of characters and mozaic-DRCS-photographic coding for graphics. In order to increase transmission efficiency, run-length coding using Modified Huffman code is employed in the photographic coding. Presentation level protocol of the system is similar to that of CEPT videotex standard and compatible with that of Captain system. The character generator in the decoder requires a ROM of 1 Mbits. To present music information, musical scores are transmitted in a coded form and reproduced by an electronic tone generator in the decoder.

The data are arranged in a variable format and transmitted with the same type of packet as for Pattern system, but the new method, BEST, is adopted for error correction.

Display format and modes of the system are almost the same as those of the Pattern system, except the size of attribute blocks. The size is reduced to 4 x 4 dots. However, the display format is compatible with Pattern system.

The decoder for Pattern system can be easily modified for this system by adding a character generator and a few additional memories.

Transmission speed depends on the contents of information. It takes 0.25 to 0.5 second to transmit a page composed of characters and mozaic graphics only, but it takes 1 to 2 seconds to transmit a page composed of dot graphics, when a line per field is used for the transmission.

The system is able to extend to an enhanced version which has more sofisticated performance such as geometric coding, high resolution display, dot by dot colouring and increased colour rendition. In the high resolution mode, it can display four times as much characters, although it requires a non-interlaced display. It is expected that such a display will be available at a relatively low cost in the near future.

2.5 Service

Since the number of displayable characters in Japanese teletext is much smaller than that in European teletext, it is difficult to convey necessary information with a page, which is usual in European systems. Therefore, the information is usually conveyed by a series of pages, which is called "Programme" and the programme number as well as the page number is transmitted with the page header and the page control codes.

In order to make access time to a programme as fast as possible, the first page of each programme is first transmitted and then the second page is sent out. The following pages are sent in the same manner.

Since the teletext is not yet popular in Japan, demand for the service are not so high in the public, except hearing-impaired viewers. There are about 400,000 hearing-impaired people in Japan. They want not only subtitling of television programmes but also excerpts of news, weather forecast and other daily information. Therefore, the pre-operational service recently introduced by NHK is providing these programmes in addition to subtitling.

It is expected that this service will be helpful to study the most suitable programmes for teletext service in Japan, although it is primarily intended for hearing-impaired viewers.

The price of the decoder is estimated to be about 50,000 yen for Pattern system and about 70,000 yen for Hybrid system in mass production. An optional printer will cost about 30,000 yen.

Several models of recent television receivers on the market have already been equipped with sockets for connecting the decoders.

3. Television facsimile

3.1 History of development

Television facsimile has been studied in Japan since late 1960's. In 1970, the systems were first demonstrated by NHK, TBS (Tokyo Broadcasting System) and Matsushita Electric Industrial Co.. In these systems, the signals were transmitted by multiplexing with the sound channel in a television channel.

Study of an unified standard for television facsimile was started by the Radio Technical Council in 1973 and provisional specifications for the system were drafted in 1976.(8) Since then, the study has been continued by the Council.

The development of the system, however, has been rather slow compared to that of teletext for two reasons. One was unavailability of reliable and low-cost printers, and the other was newspaper publisher's opposition to the introduction of such service by broadcasters.

Recently, however, it tends to be active due to the development of technology and service of facsimile in the area of business communications. The Council is now updating the old specifications so as to add colours and planning to make transmission tests next year. It is also planned to make transmission tests by the data channel in satellite television broadcasting.

3.2 Outline of the system

Table 2 gives an outline of the provisional specifications drafted by the Council in 1976. In this system, the text signal is transmitted by multiplexing with the sound channel in a television channel and printed out on an A4 sized paper with a resolution of 7.7 line per mm. It takes two minutes to transmit a page of the text. The text signal includes a programme code so that the viewers can select the desired text. The signal is multiplexed with the second sub-carrier, since the first subcarrier has already been used to multiplex the sound signals for stereo and bilingual services. The printer is compatible with that for telephone facsimile, except for scanning speed.

Although this transmission system is suitable for wideband analogue still pictures such as facsimile, it has difficulty in keeping compatibility with existing transmitters and home receivers. For this reason, NHK has been studying another system, which utilizes the data packet for teletext.

3.3 Service

This system can provide printed text with high resolution and with natural pictures. Although a teletext decoder with a printer can provide hard copies of text and graphics, the resolution is far inferior to that of the facsimile print. Therefore, the system is most suitable to provide detailed information in a form of text and the service is not competitive with teletext service.

Although no extensive survey has been made on public needs yet, it is considered that television facsimile service would be more suitable for specific groups of viewers such as professionals rather than for general public, since the printer is rather expensive.

4. Conclusion

It took a long time to develop the text broadcasting systems, because semiconductor and printer technologies in early and mid 1970's were not enough for realizing the systems. However, rapid progress of these technologies since late 1970's made it possible to introduce the systems into practical services in 1980's. Although it is necessary to confirm the public need for the systems through service trials and pre-operational services, it is expected that these systems could serve as useful media of information and would become indispensable for social life in the future as well as text communication systems in public telephone network.

REFERENCES

(1) Y. Numaguchi;"Wie man stillstehende Bilder überträgt",
Nachrichtentechnische Zeitschrift, 3/76, März 1976

(2) Radio Technical Council Annual Report Fiscal 1980 (in Japanese)

(3) Radio Technical Council Annual Report Fiscal 1982 (in Japanese)

(4) JIS C 6226 (1978)

(5) Y. Numaguchi, et al; "Experimental studies of transmission bit rate for teletext singals in the 525-line television system",
IEEE Transactions on Broadcasting, Vol. BC-25, Dec. 1978

(6) CCIR Report 957 "Characteristics of teletext systems" (1982)

(7) Y. Numaguchi, et al;"A teletext system for ideographs",
NHK Laboratories Note, Serial No. 271, Feb. 1982

(8) Radio Technical Council Annual Report Fiscal 1976 (in Japanese)

Table 1 Outlines of standard for Pattern system and basic parameters for Hybrid system

System	Pattern	Hybrid
Coding scheme	Photographic	Alpha-mozaic-DRCS-photographic
Signalling method	Binary NRZ	
Bit rate	5.727272 Mbit/s = 364 x line frequency	
Display mode	Page display, superimposed display, subtitle, vertical scroll display and horizontal scroll display	
Attribute	Colour, flashing and conceal	
Colour	8 colours for foreground, background and raster (16 colours)	
Page format	Page header: 1 row x 31 small characters Text: 8 rows x 15 standard characters (16 x 31) or 16 rows x 31 small characters Graphics: 248 x 192 dots (496 x 384 dots)	
	Attribute: 8 x 12 dots	4 x 4 dots (1 dot)
Character coding	Dot pattern	Alphanumeric and DRCS
Character set	None	Kanji: 2965 Non-Kanji: 692
Graphic coding	Dot pattern	Mozaic,DRCS and run-length (geometric)
music coding	None	Pitch, duration, timbre etc.
Transmission rate per page*	Text: 3.1 sec Graphics: 4 sec	Text: 0.25 sec Mozaic graphics: 0.5 sec Dot graphics: 1 to 2 sec

* When transmitted with a line per field.
# Values in brackets are used for enhanced version of Hybrid system.

Table 2 Outline of provisional specifications for television facsimile

System	Picture facsimile
Document size	ISO A4
Scanning density	7.7 lines per mm
Horizontal resolution	1728 elements per line
Scanning line frequency	18 Hz
Maximum picture frequency	15.6 kHz
Band compression	None
Synchronizing signal	Line sync pulse, phase reference and end mark
Programme identification	Multi-tone signal
Transmission rate	127 seconds per page
Multiplexing method	FM-FM
Sub-carrier frequency	94.5 kHz
Frequency deviation	Main carrier ± 12 kHz, Subcarrier ± 10 kHz

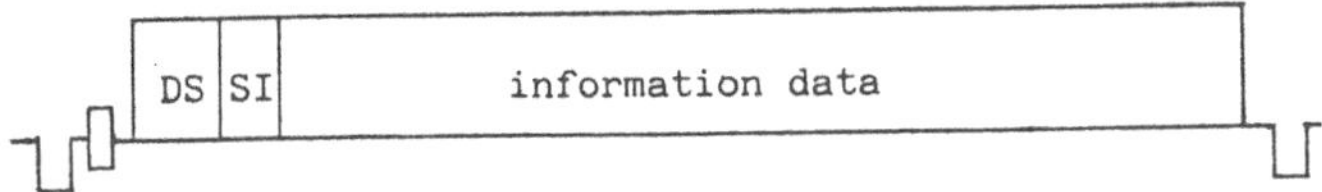

DS: digital sync (clock run-in & framing code)
SI: service identification code

Figure 1 Basic structure of data packet

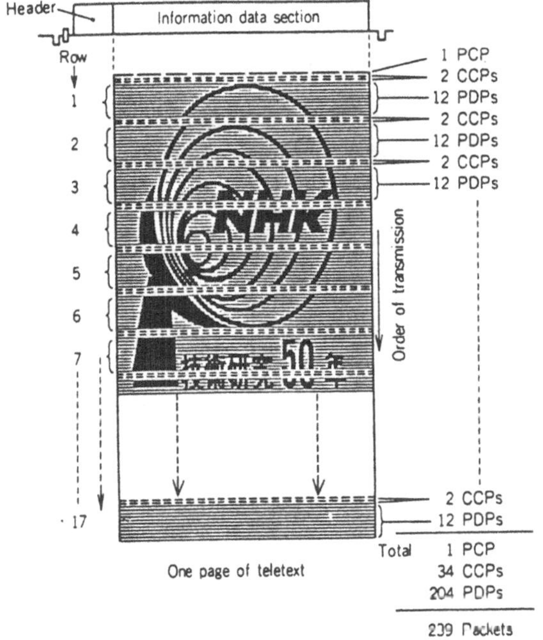

PCP: page control packet
CCP: colour control packet
PDP: page data packet

Figure 2 Transmission sequence of a page display

NHK ニュース　12--02 08/22 17:01

金大中氏日米両国政府を非難

韓国の元新民党総裁金泳三氏の
断食闘争を支援する在米韓国人ら
の集会が 4日ﾜｼﾝﾄﾝで開かれ 演説
に立った金大中氏が日米両国政府
の対韓姿勢を非難した 参加者はこ
のあとﾃﾞﾓ行進しこのうち数人がﾜｼﾝ
ﾄﾝの教会で無期限の断食に入った

Figure 3 Examples of teletext pages copied by a printer

Videotext in der Bundesrepublik Deutschland

Ulrich Messerschmid, München

1. Vorformen und erste technische Versuche

Bereits im Jahre 1971 ist im IRT die Mitsendung zusätzlicher Bildinformation in der vertikalen Austastlücke des Fernsehsignals untersucht worden [1]. 1972 bezogen sich weitergehende Untersuchungen auf die analoge Übertragung von Untertiteln in solchen ungenutzten Zeilen der V-Austastlücke. Nachdem 1974 in Großbritannien die ersten Vorschläge für Teletext publiziert worden waren, führte 1975 das IRT zusammen mit den britischen Rundfunkorganisationen BBC und IBA einen ersten Feldversuch durch, bei dem das Ausbreitungsverhalten dieses neuen Dienstes unter dem Motto "Teletext in Bavaria" in gebirgigem Gelände und mit einem Fernsehsender im VHF-Band I überprüft wurde. Nach dem Erfolg dieses Versuchs wurden die früheren Arbeiten zur analogen Übertragung in der Austastlücke zugunsten der digitalen Übertragung in der Art von UK Teletext nicht mehr weitergeführt [2].

Die KtK schlug dann in ihrem 1976 erschienenen Telekommunikationsbericht die Bezeichnung "Videotext" vor, um Verwechselungen mit dem Bürofernschreiben Teletex zu vermeiden. Ein breit angelegter Übertragungsversuch klärte 1978 das Ausbreitungsverhalten von Videotext-Signalen über die Fernsehsender von ARD und ZDF [3]. Da die dabei erzielten Ergebnisse im wesentlichen noch heute gültig sind,

-----

* Prof. Dr. Ulrich Messerschmid ist Direktor des Instituts für Rundfunktechnik

seien sie hier kurz zusammengefaßt:

Videotext war an 77 % der insgesamt 1350 Meßpunkte fehlerfrei zu empfangen, während nur an 72 % dieser Meßpunkte die Bildqualität bei oder über der CCIR-Bewertungsstufe 3 (befriedigende Qualität) lag (Bild 1). Für die 270 Meßpunkte an Kabelanlagen wurden etwas höhere Werte, nämlich 90 % und 95 %, ermittelt (Bild 2). Dies ist insbesondere darauf zurückzuführen, daß bei den Feldmessungen vor allem kritische Meßpunkte aufgesucht worden waren. Insgesamt zeigte sich eine gute Korrelation zwischen Bildqualität und Empfangssicherheit für Videotext. Bei durchweg guten bis ausgezeichneten Bildern lag die Ausfallrate für Videotext bei etwa 5 %, bei überwiegend nur befriedigender Bildqualität steigt die Ausfallrate auf über 10 % (Bild 3).

Auch heute noch gibt es immer wieder Klagen über schlechten Videotextempfang. Oft bilden Fehler in der Antennenanlage und schlecht abgestimmte Empfänger die Ursache. In den wirklich schwierigen Fällen mit Mehrwegeempfang und für Videotext gefährlichen Kurzzeitechos können adaptive Echoentzerrer weiterhelfen, die sich zur Zeit in der Entwicklung befinden.

2. Die Programminhalte des Videotext-Feldversuchs

Tafelkapazität und Zugriffszeit stehen bei Videotext in direktem linearen Zusammenhang. Für die 75 Tafeln, mit denen der ARD/ZDF-Feldversuch 1980 begonnen wurde, ergab sich eine Zykluszeit von 15 Sekunden, was einer mittleren Zugriffszeit von 7,5 Sekunden entspricht. Inzwischen wurde in diesem Feldversuch die Zahl der übertragenen Grundtafeln auf etwa 150 verdoppelt, wodurch sich auch Zykluszeit und Zugriffszeit auf 30 und 15 Sekunden erhöhten. Die hier genannten Werte gelten für eine Videotext-Übertragung mit jeweils zwei Zeilen pro vertikaler Austastlücke. Um die inzwischen bedenklich lang gewordene Zugriffszeit wieder zu verkürzen, planen ARD und ZDF, weitere Zeilen der Austastlücke für die Übertragung von Videotext zu nutzen. Die genannten 150 Tafeln werden manchmal auch Grundtafeln genannt, um sie von den sogenannten Mehrfachtafeln zu unterscheiden. Grundtafeln können direkt frei angewählt werden und erscheinen nach Ablauf der Zugriffszeit auf dem Bildschirm, wo sie so lange stehen bleiben, bis eine neue Tafel angewählt wird. Tritt im Videotextzyklus an die Stelle einer Grundtafel ein Paket von Mehrfachtafeln, so ist es dem Zufall überlassen, welche der zum Beispiel 5 Mehrfachtafeln zuerst erscheint. Die Mehrfachtafeln lösen einander auf dem Bildschirm dann nach einer bestimmten Lesezeit von zum Beispiel 20 Sekunden automatisch ab. Im Videotext-Feldversuch ergänzen derzeit etwa 100 zusätzliche Mehrfachtafeln das Grundangebot von 150 Tafeln.

Videotext im ARD/ZDF-Feldversuch ist in 6 Magazine gegliedert. Magazin 1 (Tafelnummern zwischen 100 und 200) bringt vor allem Programmankündigungen für die verschiedenen in der Bundesrepublik empfangbaren Fernsehprogramme, wie ZDF Wochenübersicht, ARD Heute Abend, Bayerisches Fernsehen, Westdeutsches Fernsehen oder ZDF Mehrkanalton.

Magazin 2 beginnt mit Hinweisen auf Theaterpremieren und Ausstellungen und bringt dann Kulturnotizen und Theaterkritiken sowie die Tafeln Warentest, Verbrauchertip, Ernährungstip und Börse.

Magazin 3, also die Tafeln zwischen 300 und 400, enthält vor allem die Programmübersichten für die rund 30 verschiedenen bundesdeutschen Hörfunkprogramme sowie die Devisenkurse und Verkehrshinweise.

Magazin 4 (Tafeln 400 und folgende) kommt dem Charakter von Videotext als aktuellem, unschlagbar schnellem Informationsdienst in besonders hohem Maße entgegen. Es ist das aktuelle Nachrichten- und Servicemagazin und es bringt neben den neuesten Meldungen die Übersichten über den Wetterzustand in Deutschland und Europa, die Wettervorhersagen und Schneehöhenberichte sowie die Toto-Ergebnisse und Lotto-Zahlen.

Magazin 5 enthält Sportmeldungen mit Übersichten über wichtige Veranstaltungen, Ergebnisse, Hintergrundinformationen sowie eine Tafel zum Thema Schach.

Magazin 6 wird von 5 überregionalen Zeitungen gestaltet und bringt Vorschauen auf die nächsten Ausgaben der Frankfurter Allgemeinen Zeitung, der Welt, der Frankfurter Rundschau, des Handelsblatts und der Süddeutschen Zeitung.

3. Videotext-Untertitel

Für die über 3 Millionen Menschen in der Bundesrepublik Deutschland, die hörgeschädigt sind, also schlecht oder überhaupt nicht hören können, bilden Untertitel eine wichtige und in vielen Fällen die einzige Brücke zum Verständnis des Fernsehprogramms. Im Rahmen einer schriftlichen Befragung [4] konnte 1983 ermittelt werden, daß 75 % der Hörgeschädigten, die über einen videotexttüchtigen Empfänger verfügen, die angebotenen Untertitel "fast immer" anwählen und nutzen. Als positiv bei der Gestaltung der Untertitel bezeichneten sie es, daß diese gut lesbar und auch gut verständlich seien. Durch den Einsatz verschiedener Farben für bestimmte Personen sei es leicht, die Untertitel richtig zuzuordnen. An Kritik wurde geäußert, daß die Untertitel zu schnell aufeinander folgten, zu knapp formuliert seien und im Bild stärker als nötig stören würden. Damit ist die Darstellungsart der Untertitel gemeint, die in einem schwarzen Einblendfeld wiedergegeben werden. Mit etwas höherem Aufwand im Videotext-Decoder könnten die Untertitel mit geringerer Beeinträchtigung des Bildes wiedergegeben werden, indem statt eines schwarzen Einblendfelds ein Einblendfeld mit verringertem Bildkontrast Verwendung findet.

Diese Verbesserung könnte allein auf der Decoderseite ohne Änderung der gesendeten Videotext-Information vorgenommen werden.

Wegen der hohen Kosten einer Untertitelung ist die Zahl der untertitelten Beiträge noch relativ klein. Das ZDF beispielsweise sendete 1982 insgesamt 55 untertitelte Beiträge, die einer Sendezeit von 74 Stunden entsprachen. Die Beiträge deckten ein weites Programmgebiet wie Spielfilme, Krimis, Bildungsprogramme und Sportsendungen ab. Ende 1983 brachten ARD und ZDF bereits 10 bis 15 Programmbeiträge mit Videotext-Untertiteln pro Woche. ARD und ZDF planen darüber hinaus, die Zahl der mit Videotext untertitelten Beiträge 1984 noch erheblich weiter auszuweiten; insbesondere möchte die ARD auch die Tagesschau live untertiteln.

4. Die Akzeptanz von Videotext

Der Fachverband Unterhaltungselektronik im Zentralverband der Elektroindustrie (ZVEI) schätzt, daß Ende 1983 400.000 Empfänger mit Videotext-Decodern in der Bundesrepublik Deutschland verkauft sein werden. Im Rahmen einer telefonischen Umfrage bei etwa 1.600 mit Videotext ausgerüsteten Haushalten konnten Ende 1982 erste Anhaltspunkte über die Nutzung von Videotext ermittelt werden [5].

Interessant ist, daß von den Personen, die Videotext regelmäßig nutzen, über 90 % männlichen Geschlechts waren und 72 % angaben, an Technik interessiert zu sein. In der sozialen Schichtung und den Berufsgruppen ergab sich die folgende Verteilung: 10 % freie Berufe, 12 % Arbeiter, 13 % höhere Beamte und gehobene Angestellte, 45 % Beamte und Angestellte, sowie 20 % sonstige Berufsgruppen.

Es überrascht, daß 62 % der Nutzer Videotext täglich einschalten und der Rest immerhin mehrfach in der Woche. Die mittlere Einschaltdauer beträgt rund 10 Minuten. Im einzelnen ergibt sich folgendes Bild für die Dauer einer Videotext-Einschaltung: 6 % unter einer Minute, 22 % unter fünf Minuten, 33 % zwischen fünf und zehn Minuten, und immerhin noch 26 % zwischen zehn und dreißig Minuten pro Tag.

Welche Videotext-Inhalte wurden nun häufig und welche weniger häufig ausgewählt? Am meisten Interesse fanden Nachrichten (67 %) und hierbei insbesondere die "letzte Meldung" (69 %). Dicht darauf folgte die aktuelle Programmvorschau für das ARD- und ZDF-Fernsehprogramm (57 %). Hohe Nachfrage hatten außerdem zu verzeichnen Sport (50 %), Warentest (44 %) und Wetter (41 %). Es folgten Lotto/Toto (34 %), die Pressevorschauen (25 %), Auto und Verkehr (24 %), Devisen- und Börsenkurse (15 %), Kulturnachrichten (9 %), der TV-Elterntip (8 %) und die Vorschau auf Hörfunkprogramme (6 %).
70 % der interviewten Personen beurteilten das Videotext-Angebot als "gut" oder "sehr gut" und hoben insbesondere hervor, daß Videotext mit seinen gezielt abrufbaren Informationen ein besonders aktueller Service sei. Fast die Hälfte der Befragten wünscht sich jedoch ein ausführlicheres Videotext-Angebot und insbesondere kürzere Zugriffszeiten. Auch ein früherer Beginn der Übertragungen wird dringend gewünscht. Großes Interesse (92 %) würde ein zusätzlicher regionaler Videotext finden. In diesem Zusammgenhang ist zu erwähnen, daß einzelne Rundfunkanstalten wie beispielsweise der WDR bereits mit regionalem Videotext begonnen haben und weitere folgen werden.

Für die hohe Akzeptanz von Videotext spricht, daß 90 % der Besitzer eines videotexttüchtigen Empfängers sich beim nächsten Kauf wieder ein videotexttüchtiges Gerät anschaffen würden.

5. Kombinationsmöglichkeiten für regionalen und überregionalen Videotext

Videotext wird zyklisch übertragen, wobei bestimmte Tafeln, die häufig angewählt werden, beispielsweise also die

Übersichts-(Index-)Tafeln für die einzelnen Magazine und insbesondere die Tafel Nr. 100 für die Gesamtübersicht, mehrfach in den Zyklus einbezogen werden (Bild 4). Möchte man nun einzelne Tafeln eines überregional erzeugten Videotexts in einen regionalen Videotextdienst einschleusen, so gibt es selbstverständlich die Möglichkeit, diese Tafeln am Editierterminal oder per Datenübernahme dem regionalen Videotextrechner einzugeben. Eleganter und einfacher ist es jedoch, für diese Aufgabe ein spezielles Gerät, den sogenannten Kombinierer, einzusetzen. Ein solcher Kombinierer ist im IRT entwickelt worden und steht inzwischen auf dem Markt zur Verfügung. Der Kombinierer übernimmt einzelne Tafeln oder ganze Magazine aus zwei oder drei ankommenden Eingangszyklen in seinen Tafelspeicher und stellt sie zu einem neuen Ausgangszyklus zusammen. Aus einem langen überregionalen und einem kurzen regionalen Eingangszyklus entsteht auf diese Weise beispielsweise ein mittelgroßer neuer Ausgangszyklus (Bild 5).

Darüber hinaus kann der Kombinierer Untertitel verarbeiten, also etwa die in der Austastlücke eines ankommenden Videosignals enthaltenen Untertitel (einstreifige Untertitel) mit zeitlicher Priorität in den neuen Videotextzyklus übernehmen (Bild 5, Tafel 150, die unter Umgehung des Tafelspeichers direkt im Ausgangszyklus erscheint). Weiterhin kann der Kombinierer auch Untertitel zur einstreifigen Aufzeichnung auf Videoband vorbereiten (Bild 6, Untertitel für MAZ).

6. Zeilenbelegung und Zugriffszeit

Derzeit wird Videotext in der Bundesrepublik Deutschland in den Zeilen 20 und 21 (Austastlücke des ersten Halbbilds) sowie in den Zeilen 333 und 334 (Austastlücke des zweiten Halbbilds) übertragen. Zeile 15 trägt des Reflexionsmeßsignal; Zeile 16 überträgt Daten; die Zeilen 17, 18 und 19 dienen der Überallesmessung vom Studioausgang bis zum Teilnehmer oder der Messung einzelner Übertragungsabschnitte; Zeile 22 bleibt frei für die Messung des Rauschens und um Störungen am oberen Bildrand zu vermeiden, die durch nicht exakt eingestellte Rastergröße im Empfänger entstehen könnten (Bild 7).

Eingehende Versuche im Jahr 1982 haben gezeigt, daß inzwischen auch die Zeilen 13 und 14 sowie 326 und 327 für Videotext verwendet werden können, ohne daß Empfängerstörungen zu befürchten sind. Weitere Versuche mit noch tiefer liegenden Zeilen sind geplant. Mit einiger Wahrscheinlichkeit dürften ab 1984 auch die Zeilen 12 und 325 nutzbar sein. Die sich daraus ergebenden Tafelkapazitäten und Zugriffszeiten zeigt Bild 8.

Will man über die derzeit verfügbaren 4 bis 5 Zeilen hinaus gehen, so können mit Hilfe des Kombinierers auch solche Zeilen für Videotext herangezogen werden, die auf dem Abschnitt vom Studio bis zum Sender mit Meß- und Prüfsignalen belegt sind, also zum Beispiel die Zeilen 18 und 19 sowie 331 und 332. Der Kombinierer entnimmt die Videotext-Daten den ankommenden Zeilen und verteilt sie in einem neuen kürzeren Zyklus auf die größere Zahl der ab dem Sender nutzbaren Zeilen. Bild 9 zeigt diesen Vorgang für 2 ankommende Zeilen pro Halbbild. Ein Nachteil dieser Lösung liegt darin, daß dabei an allen Sendern, die den kürzeren Videotext-Zyklus ausstrahlen sollen, Kombinierer benötigt werden.

7. Videotext und Videorecorder - Programmierung und Aufzeichnung

Die Programmierung eines Videorecorders zur späteren Aufzeichnung von Fernsehsendungen ist derzeit mit Hilfe der Programmzeitschrift ein relativ umständlicher und zeitraubender Vorgang. Nach einer Entwicklung des WDR [6] kann Videotext helfen, diese Aufgabe einfacher zu lösen. Die

Programmvorschauen einer Videotexttafel enthalten ja bereits die benötigten Informationen, nämlich Programmkette, Datum und Uhrzeit für Anfang und Ende der Sendung. Mit Hilfe eines kleinen Zusatzes zum Videotext-Decoder kann die gewünschte Sendung über die Fernbedienung gekennzeichnet werden, was auf dem Bildschirm durch Blinken bestätigt wird. Dann genügt ein einziger Knopfdruck, um die im Videotextsignal ja bereits in kodierter Form vorhandenen Daten an den Videorecorder weiterzugeben.

Voraussetzung für einen solchen zusätzlichen Dienst bilden entsprechend weit ausgebaute Videotext-Programmvorschauen, wie sie im Zug der Regionalisierung von Videotext möglich werden.

8. Entwicklungsmöglichkeiten des Videotext-Standards

Videotext wird in der Bundesrepublik Deutschland nach dem sogenannten zeilengebundenen Verfahren (fixed format teletext) ausgestrahlt. Es ist damit zu rechnen, daß diese Übertragungsnorm noch im laufenden Jahr 1983 als verbindlicher Übertragungsstandard für die Bundesrepublik Deutschland auch für die Zukunft festgelegt werden wird. Aus dieser Entscheidung ergibt sich eine Reihe von Vorteilen:

- Die bereits vorhandenen Decoder können unbegrenzt weiterbenutzt werden.
- Das zeilengebundene Verfahren wird in den meisten europäischen Ländern benutzt, die derzeit einen Videotext-Dienst haben (Belgien, Bundesrepublik Deutschland, Großbritannien, Niederlande, Österreich, Schweden, Schweiz). Die osteuropäischen Länder erproben es derzeit mit dem Ziel der Einführung.
- Das zeilengebundene Verfahren ermöglicht eine Reihe weiterer kompatibler Ausbaustufen.

Die derzeit benutzte Ausbaustufe 1 (level 1), das sogenannte Basissystem, bietet ein relativ eingeschränktes Alphabet, das für die verschiedenen Sprachen unterschiedlich aussehen kann, wobei dem Decoder in der Kopfreihe für die jeweilige Tafel das benutzte Alphabet signalisiert wird. Decoder für Englisch, Deutsch und Schwedisch sind bereits auf dem Markt; Decoder für Französisch - allerdings mit gewissen Einschränkungen für die vielen akzentuierten Buchstaben dieser Sprache - sollen in Kürze folgen. Selbstverständlich sind auch kombinierte Decoder für verschiedene Sprachen, wie sie beispielsweise in der Schweiz gebraucht werden, möglich. Für grafische Darstellungen bietet das Basissystem 6 verschiedene Farben sowie Schwarz und Weiß mit der relativ grob gerasterten Blockgrafik.

Ausbaustufe 2 liefert erweiterte Alphabete, die sämtliche mit lateinischen Buchstaben geschriebenen Sprachen abdecken und unterschiedliche Sprachen auf ein und derselben Tafel ermöglichen. Zur Verbesserung der Grafik dienen grafische Zeichen mit Strichen und schrägen Kanten (Strich- und Schräggrafik) und eine erheblich ausgeweitete Farbpalette. In bestimmtem Umfang sind auch parallele Attribute möglich. Sie gelten jeweils nur für ein Zeichen und lassen sich damit von Zeichenstelle zu Zeichenstelle ändern. Unter Attributen versteht man vor allem die Wahl der Darstellungsart, also die Farbe oder Größe eines Zeichens, die Hervorhebung durch Blinken, die zunächst verdeckte Wiedergabe, eine Wiedergabe im Einblendfeld, die Wahl zwischen zusammenhängender oder gerasterter Grafik sowie Unterstreichen und Invertieren, also das Vertauschen von Vorder- und Hintergrundfarbe. Ausbaustufe 2 bietet darüber hinaus die Möglichkeit, zusammenhängende Tafeln zu kennzeichnen und mit Hilfe dieser Tafelverkopplung in künftigen Decodern mit größeren Speichern mehrere zusammengehörige Tafeln für den direkten Zugriff ohne Wartezeit bereitzuhalten. Auch eine zyklische Redundanzprüfung (cyclic redundancy check CRC) ist innerhalb des Level 2 möglich.

Ausbaustufe 3 schließlich bietet die vom Videotext-Studio aus ladbaren DRCS-Zeichen (dynamic redefinable character sets). Für diese Zeichen findet eine Matrix mit 12x10 Bildpunkten für eine relativ hohe Zeichenauflösung Verwendung. Es sind DRCS-Zeichen mit zwei Farben und solche mit bis zu 16 Farben möglich, die aus einer Palette von 4096 Farbnuancen stammen können.

Die Ausbaustufen 1, 2 und 3 entsprechen exakt dem von den europäischen Postverwaltungen (CEPT) für Bildschirmtext festgelegten Standard, so daß mit einem Ausbau bis zu Level 3 eine vollständige Kompatibilität der Darstellungsmöglichkeiten zwischen Videotext und Bildschirmtext hergestellt werden kann.

Ausbaustufe 4 umschließt die mit sogenannten Bildbeschreibungsbefehlen besonders übertragungsökonomisch arbeitende Alphageometrie. Diese Übertragungsmethode wurde zuerst für das kanadische TELIDON-Verfahren entwickelt [7].

Ausbaustufe 5 schließlich, die sogenannte alphafotografische Kodierung, ermöglicht es, die im digitalen Studiostandard mit 13,5 MHz Abtastfrequenz möglichen Farbbilder hoher Qualität bildpunktweise zu übertragen. Die dafür notwendige Informationsmenge liegt allerdings etwa um den Faktor 1000 höher als beim Basissystem, was mit 2 Zeilen pro Austastlücke zu Übertragungszeiten von mehreren Minuten für bildschirmfüllende Farbbilder führen würde. Es wird daher allenfalls an die Übertragung kleiner Bildausschnitte gedacht.

Die Übertragung der für die weiteren Ausbaustufen benötigten Information geschieht in den Reihen 24 bis 31, deren Reihenadressen beim Darstellungsformat mit 24 Reihen auf dem Bildschirm nicht mehr benötigt werden. Diese in Bild 10 [7] näher dargestellte Obertragungsart in den sogenannten "Pseudo- oder Geister"reihen bildet den eigentlichen Schlüssel zur Systemerweiterung des zeilengebundenen Obertragungsverfahrens.

9. Entwicklungslinien für Videotext-Decoder

Das zeilengebundene Verfahren, nach dem Videotext in der Bundesrepublik Deutschland ausgestrahlt wird, zeichnet sich durch besonders niedrige Decoderpreise aus. Decoder für den Selbsteinbau sind bereits für DM 75,- zu erhalten. Der Empfängermehrpreis für einen eingebauten Videotext-Decoder beträgt derzeit ab DM 150,-. In etwa zwei Jahren ist damit zu rechnen, daß durch den Einsatz höchstintegrierter Mikroelektronik sogenannte Ein-Chip-Decoder zur Verfügung stehen werden, wobei die Empfängermehrpreise bis auf rund DM 50,- fallen könnten. In diesem Stadium ist dann damit zu rechnen, daß Videotext zur Normalausstattung der Farbfernseh-Heimempfänger gehören wird - eine Entwicklung, die sich in unserem Nachbarland Österreich mit seinem sehr weit ausgebauten Videotextdienst schon heute abzeichnet.

Die kleineren Stückzahlen und weiter ausgebauten Darstellungsmöglichkeiten von Bildschirmtext ergeben höhere Decoderpreise für Bildschirmtext (1985 etwa DM 600,-, 1987 vielleicht DM 300,-). Bis 1987 werden daher Bildschirmtext- und Videotext-Decoder in der Regel getrennt sein, was bei der verschiedenen Natur der Dienste zunächst kaum Nachteile haben dürfte. Ab 1987 ist dann jedoch mit kombinierten, hochintegrierten Videotext-Bildschirmtext-Decodern in Empfängern mit vorwiegend digitaler Signalverarbeitung zu rechnen. Damit bestehen dann auch gute Aussichten für einen Ausbau der Videotext-Norm auf Ausbaustufe 3, ohne daß unakzeptabel hohe Empfängermehrpreise damit verbunden wären.

10. Andere Rundfunktextformen: Radiotext, Satellitentext und Kabeltext

Benutzt man statt einiger weniger Zeilen in der vertikalen Austastlücke sämtliche 625 Zeilen eines Fernsehsignals zur Übertragung von Videotext, so läßt sich eine Übertragungsrate von 5,5 Mbit/s erreichen, während mit 4 Zeilen pro Austastlücke nur 72 kbit/s möglich sind. Da eine solche Vollkanalübertragung vor allem für Kabelsystem in Frage kommt, in denen viele Fernsehkanäle zur Verfügung stehen, spricht man hier meistens von Kabeltext, obwohl die Übertragung in programmfreien Zeiten natürlich auch drahtlos über Sendernetze möglich ist. Kabeltext würde bei 15 Sekunden Zykluszeit 11500 Tafeln übermitteln können, bei 5 Sekunden Zykluszeit sind es noch immer rund 4000 Tafeln. Bisher wird Kabeltext in der Bundesrepublik Deutschland noch nicht genutzt. Es ist jedoch anscheinend vorgesehen, Kabeltext in einigen der 4 Kabelpilot-Projekte mit zu erproben.

Zur Fernsehübertragung über direkt strahlende Rundfunksatelliten hat die Union der Europäischen Rundfunkanstalten (UER) das sogenannte C-MAC-Paket-System entwickelt und zur Anwendung empfohlen. Zur Ton- und Datenübertragung stehen dabei rund 3 Mbit/s zur Verfügung, die nur zu einem Teil für Tonsignale ausgenützt werden. Es ist daher damit zu rechnen, daß je nach Aufteilung der sehr flexiblen Multiplex-Struktur 0,5 bis 1 Mbit/s für Videotext genutzt werden könnten, wofür die Bezeichnung Satellitentext angebracht erscheint. Wie Bild 11 zeigt, würden auf diese Weise 1000 bis 2000 Tafeln mit 15 Sekunden Zykluszeit verfügbar sein.

Eine Standardisierung der Übertragung von Satellitentext, die ja nicht mehr in Fernsehzeilen sondern in den Paketen des C-MAC-Systems erfolgt, wird derzeit in der UER vorbereitet.

11. Zum Stellenwert von Videotext im Medienumfeld

Videotext ist ein neuartiger Service im Fernsehrundfunk, der dank der Mikroelektronik für die Geräteausstattung mit geringen Zusatzkosten auskommt und in kurzer Zeit bereits eine hohe Akzeptanz erreichen konnte. Auch auf der Sendeseite sind infolge der geringen Tafelkapazität im Verhältnis zu den Programmkosten des normalen Fernsehens nur sehr geringe Aufwendungen nötig. Es ist daher nicht beabsichtigt, für Videotext irgendwelche Gebühren zusätzlich zu erheben.

Alle bisherigen Erfahrungen beweisen, daß Videotext in keiner Weise den Nutzen der Zeitung beschneidet. Die knapp formulierten Videotexttafeln können nicht mit der ausführlichen Berichterstattung einer Zeitung konkurrieren. Hinzukommt, daß es viel umständlicher ist, Videotexttafeln anzuwählen als in einer Zeitung zu blättern, und die Bindung an den Fernsehschirm eine weitere Einschränkung gegenüber der Zeitung bedeutet.

Videotext zeichnet sich aus durch ein besonders hohes Maß an Aktualität, durch ständige Verfügbarkeit für den Fernsehteilnehmer und durch die vielfältigen Möglichkeiten der Ergänzung des laufenden Fernsehprogramms, sei es durch Zusatzinformationen, Programmvorschauen oder Untertitel.

Videotext ist ein junger Fernseh-Informationsdienst, der sowohl in seiner technischen Weiterentwicklung als auch in der redaktionellen Nutzung sicher noch eine interessante Zukunft vor sich hat.

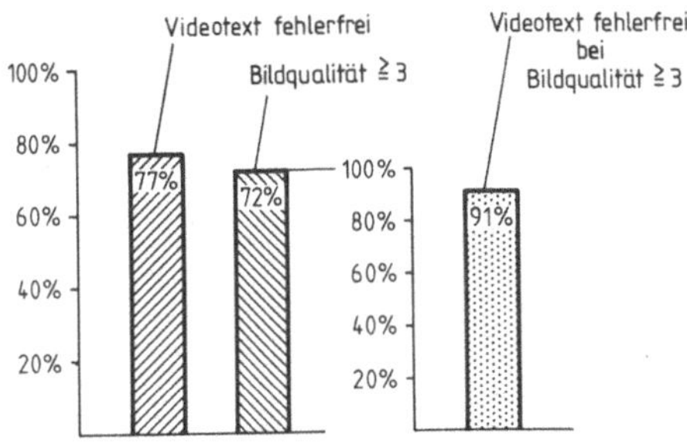

Bild 1
Videotext-Feldversuch 1978
1350 Empfangspunkte,
Sendernetz ARD und ZDF

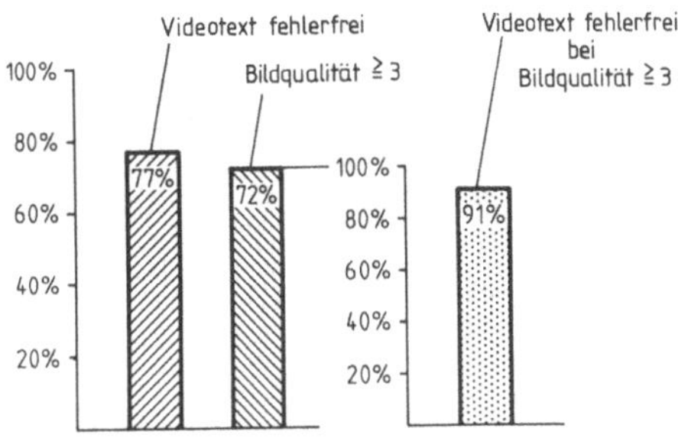

Bild 2
Videotext-Feldversuch 1978
270 Meßpunkte an Kabelanlagen

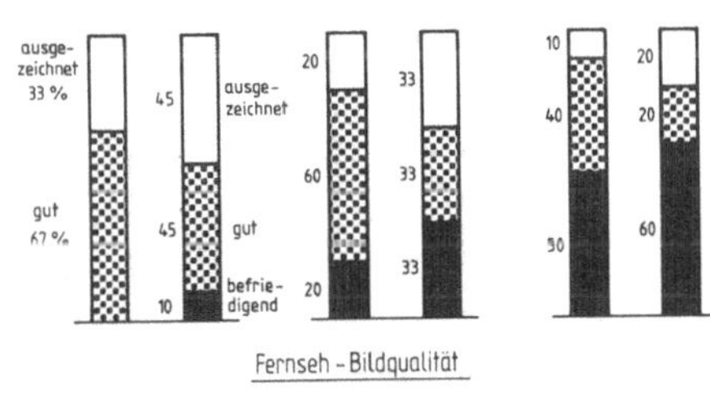

Bild 3
Videotext-Feldversuch 1978
Korrelation zwischen Fernsehbild-
qualität und Videotext-Empfangs-
sicherheit

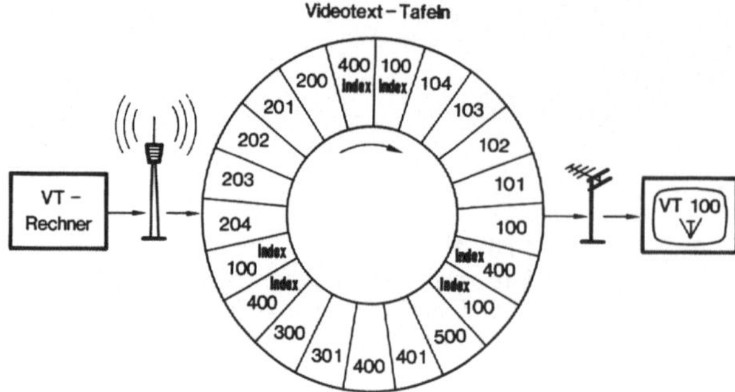

Bild 4
Zyklische Übertragung von Videotext

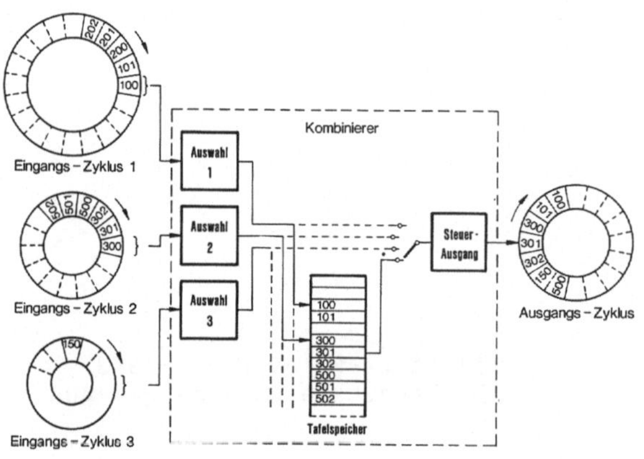

Bild 5
Arbeitsweise des Videotext-Kombinierers

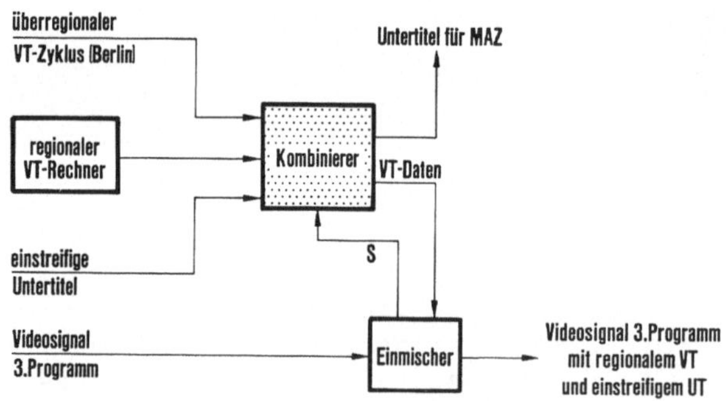

Bild 6
Einsatzmöglichkeiten des Kombinierers

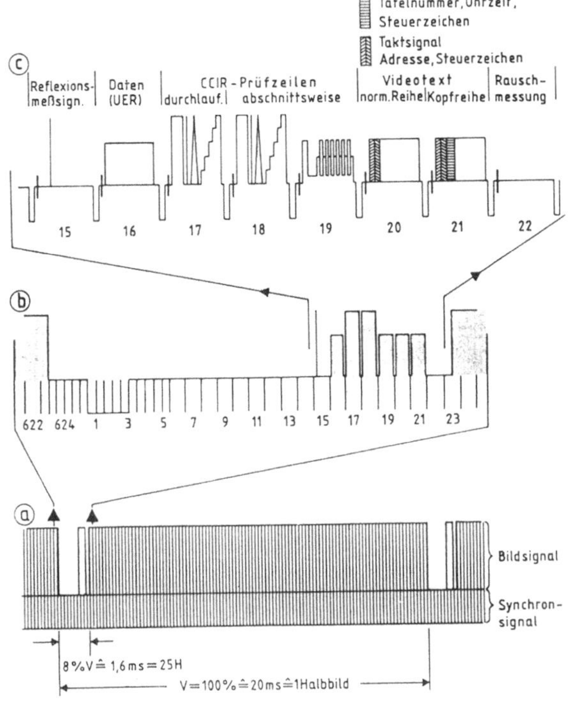

Bild 7
Zeilenbelegung in der vertikalen Austastlücke des Videosignals

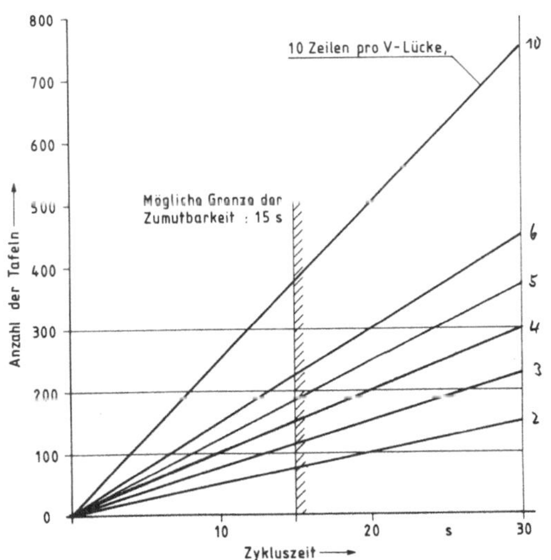

Bild 8
Tafelkapazität und Zykluszeit.
- Die Zugriffszeit ist im Mittel halb so lang wie die Zykluszeit-

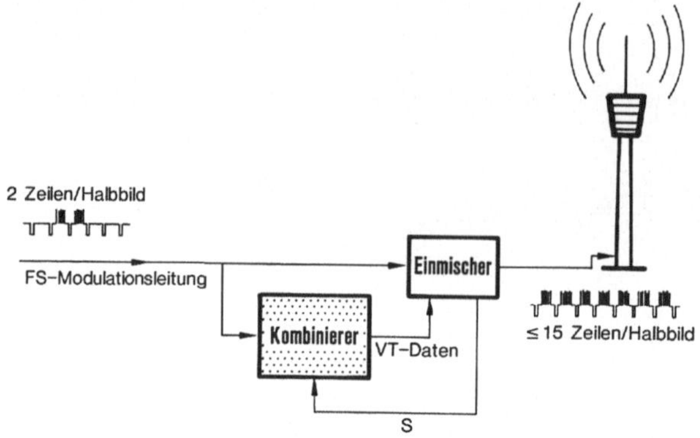

Bild 9 Kombinierer am Sender zur Verkürzung der Zugriffszeit

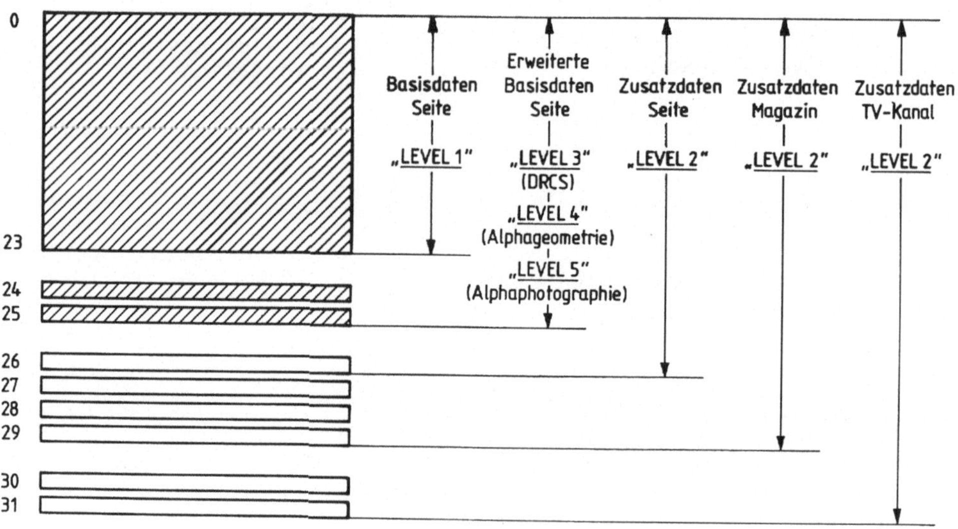

Bild 10 Ausbaustufen des zeilengebundenen Videotext-Verfahrens
- Die Reihen 0 bis 23 dienen der Übertragung des Basissystems; in den Pseudoreihen 24 bis 31 werden die weiteren Ausbaustufen (Level 2 bis Level 5) realisiert -

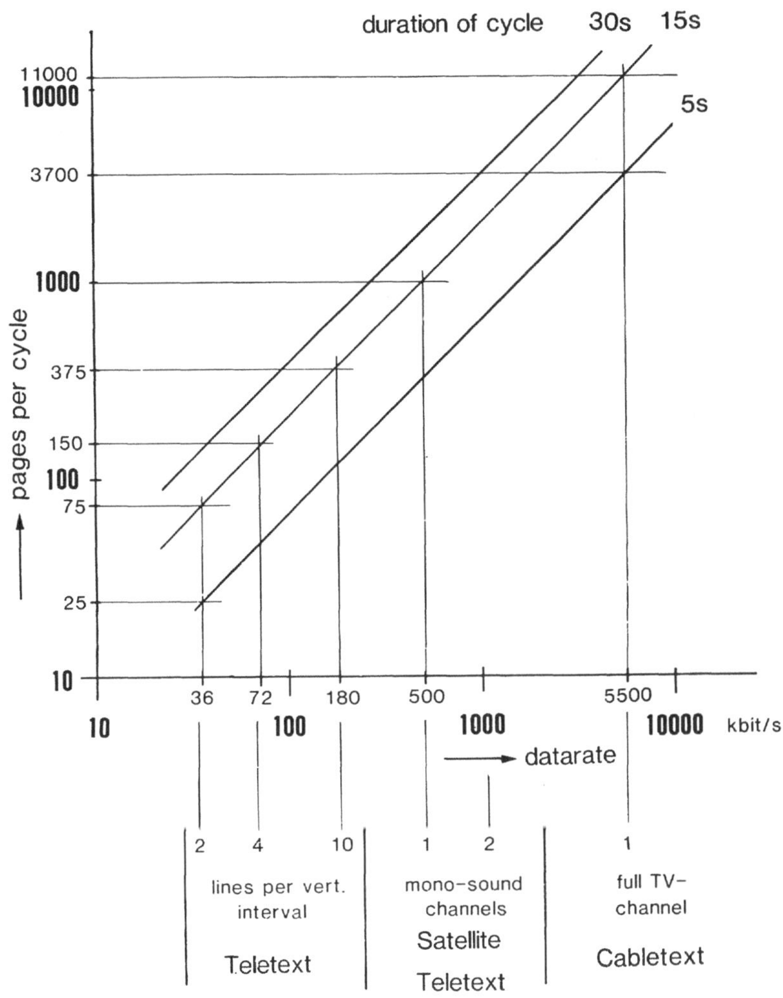

Bild 11 Tafelkapazität und Zykluszeit für Satellitentext und Kabeltext im Vergleich zu Videotext

Literaturverzeichnis

[1] Mayer N., Möll G. :
Verfahren zur Mitsendung zusätzlicher Bildinformation in der Vertikalaustastzeit einer Fernsehübertragung.
Rundfunktechn. Mitt. 15/1971, S. 206-213

[2] Pilz F. :
Techniken zur Übertragung von Untertitel in den Fernsehprogrammen, insbesondere zur wahlweisen Verwendung beim Zuschauer.
Rundfunktechn. Mitt. 20/1976, S. 138-146

[3] Hofmann, H., Lau A. :
Ergebnisse der Ausbreitungsversuche mit Videotextsignalen nach dem englischen Teletext-Standard über die Fernsehsender von ARD und ZDF.
Rundfunktechn. Mitt. 23/1979, S. 25-36

[4] Ehlers, R. :
Videotext im Urteil von Hörbehinderten.
Media-Perspektiven 8/1983, S. 582-590

[5] Bessler, H. :
Videotextnutzung im Feldversuch ARD/ZDF.
Media-Perspektiven 1/1983, S. 39-46

[6] Hofmann, G., Neumann A., Oberlies K.U., Schadwinkel E. :
Videotext programmiert Videorecorder.
Rundfunktechn. Mitt. 26/1982, S. 254-257

[7] Möll G. :
Neue Leistungsmerkmale für einen künftigen Videotextstandard.
Rundfunktechn. Mitt. 27/1983, S. 116-133

Videotext in the Federal Republic of Germany

Ulrich Messerschmid, München

In the year 1975 the IRT conducted the first field test with Videotext, the German form of teletext, in cooperation with the BBC London and the IBA. Under the motto "Teletext in Bavaria" the new service was tested in a mountainous region and with a TV station in the VHF band I. Tests started previously with earlier forms of subtitle transmission in the blanking interval were discontinued after the success of .this field test. In 1978/1979 a measuring survey was carried out at over 1300 check points in select critical positions in the Federal Republic of Germany for all three television networks and in all frequency ranges as well as at 270 test points in cable systems. Since the results of the survey are still valid today, they are briefly summarized in the paper.

After the on-the-whole positive results of these technical tests, a videotext field test was initiated in Berlin in 1980 which is still in progress today. Television editors of the two national channels, ARD and ZDF, prepare some 200-250 frames of data, which are brought up to date all the time. They cover the latest news, sports reports, information services like the weather report and the traffic situation, TV and radio programme previews, cultural news, consumer tips, and similar informative and in part entertaining items of information. Within the framework of a cooperation agreement with the Association of German Newspaper Publishers, journalists of five national newspapers provide regular news previews for their respective papers. An important Videotext service, particularly for the hard of hearing, is the provision of Videotext subtitles.

The initial findings of the first research into the acceptance of Videotext show that those households equipped to receive it -- at the close of 1983 they were estimated to number some 400,000 -- were making intensive use of the service, with an average daily viewing time of some 10 minutes.

92% of the owners of a TV capable of receiving Videotext would also purchase a set with Videotext decoder next time. At present a Videotext decoder adds about 150 deutschmarks to the price of a new set. However, single-chip decoders are being developed at the moment which are expected to be considerably cheaper, so it may be justifiably presumed that colour television sets will soon have a Videotext decoder as part of their standard equipment.

A further stage of development of Videotext in the Federal Republic of Germany will be the erection of regional Videotext services, which will be capable, with the aid of a socalled combiner, of incorporating constituent parts of the national Videotext service. Another new service could consist in using the programme previews to program videorecorders for later recording of broadcasts far more simply than by consulting a TV magazine and then inputting the programme data manually. As in the case of Bildschirmtext, later developments of the Videotext standard will be in the direction of higher resolution graphics, extended capability for presenting special characters and a wider range of colour nuances.

Other teletext forms, like cable, satellite and radio text transmission, are still in the early stages of development. The real value of a teletext service transmitting data in the vertical blanking interval of the television signal is that it complements other media: it is an addition to the media already available but remains, if only on account of its restricted capacity, a supplementary service of relatively limited potential.

Anwendungen von Bildschirmtext in der Bundesrepublik Deutschland

Adalbert Rohloff, Berlin

Erfahrungen mit Bildschirmtext aus den Feldversuchen, aber auch aus vielen Diskussionen im Rahmen der Bildschirmtext-Anbieter-Vereinigung sollen im folgenden thesenartig in 10 Punkten zusammengefaßt werden. Dabei wagt der Autor auch sehr persönliche Schlußfolgerungen und Einschätzungen:

1. Man wird der deutschen Version von Interactiv Videotex nicht gerecht, wenn man ausschließlich auf den Aspekt neues (Informations-) Medium abstellt. Bildschirmtext (Btx) ist tatsächlich ein Vielzweck-Instrument, das ganz unterschiedlich eingesetzt werden kann, z.B. als Informationsmedium, als Vertriebsinstrument, als Organisationsmittel sowie als vielfältiges Kommunikationssystem und nicht zuletzt als Datenverarbeitungs-Instrument. Die Hauptvorteile des deutschen Btx-Systems liegen nämlich in der Möglichkeit des Rechnerverbundes und in der Dialogfähigkeit. Btx kann als Jedermann-Datenbank oder als Volks-EDV charakterisiert werden. Wenn schon neues Medium, dann Computer-Medium. Der richtige Einsatz von Bildschirmtext im Medien-Verbund bedarf der fachmännischen Beratung für die ganze Anwendungspalette. An solcher Beratung besteht ein großer Mangel.

2. Die Feldversuche in Berlin und Düsseldorf/Neuss vom Juni 1980 bis September 1983 waren keineswegs in jeder Beziehung repräsentativ. Die regionale Beschränkung und die Begrenzung auf maximal je 3000 Teilnehmer machte

viele mögliche künftige Anwendungen von Btx wirtschaftlich nicht sinnvoll und manche, z.B. bundesweite Geschlossene Benutzergruppen, überhaupt nicht möglich. Viele geschäftliche Nutzungen konnten deshalb nicht getestet werden. Es ging bei den Feldversuchen um die gesellschaftlichen Wirkungen und um die private Akzeptanz. Dafür haben die Feldversuche durchaus interessante Erkenntnisse gebracht. Über Btx als Instrument der Geschäftskommunikation sind sie jedoch viel weniger aussagefähig.

3. Trotz der begrenzten Teilnehmerzahlen haben sich erstaunlich viele Anbieter an den Feldversuchen beteiligt, nicht zuletzt weil man außerhalb der Feldversuchsgebiete nur im Anbieter-Status auch einen Teilnehmer-Zugang zum Btx-Angebot erhalten und System-Erfahrungen sammeln konnte. Am Ende der Feldversuche zählte die Post in beiden Feldversuchsgebieten über 2000 Anbieter mit noch einmal fast gleich vielen Unteranbietern, weil es seit längerem keine Leitseiten und Modems für weitere Erstanbieter mehr gab. Diese Anbieter hatten allein in beiden Post-Rechnern über 300 000 Informationsseiten belegt, weitere Seiten in externen Rechnern nicht berücksichtigt. Die rege Beteiligung an den Feldversuchen wurde durch Gebührenfreiheit der Post für die Anbieter und durch Subvention der Teilnehmer-Decoder gefördert. Trotzdem mußten die Anbieter erhebliche Investitionen für einen noch nicht vorhandenen Markt leisten, vor allem personeller Art.

4. Daß Bildschirmtext nicht nur für Anbieter aus der Wirtschaft, sondern aus allen Kreisen der Gesellschaft interessant ist, zeigt die Anbieter-Struktur der Feldversuche. Die Forschungsgruppe Kammerer hat im Auftrag der Deutschen Bundespost im April 1982 sehr genau untersucht, aus welchen Bereichen die über 1400 Anbieter zum damaligen Zeitpunkt stammten. Danach verteilten sich die insgesamt 1436 Anbieter folgendermaßen auf die einzelnen Gruppen:

	absolut	%
Medien und Kultur	227	16
Handel	248	17
Dienstleistungen	488	34
Öffentliche Einrichtungen, Verbände	231	16
Produzierendes Gewerbe	175	12
Sonstige	67	5
insgesamt	1436	100

Die weitere Untergliederung innerhalb der einzelnen Bereiche ergibt sich aus den Tabellen im Anhang. Besonders interessant erscheint die große Zahl nichtwirtschaftlicher öffentlicher Anbieter. Unter den 231 Anbietern aus dem Bereich Verbände und Öffentliche Einrichtungen befanden sich mehrere kommunale Einrichtungen wie das Senatspresseamt von Berlin, die Stadt Düsseldorf, das Landesverkehrsamt Rheinland, der Verkehrsverein Düsseldorf, die Stadt Neuss, die Stadt Augsburg, die Stadt München und der Umlandverband Frankfurt. Auch sonst gehören klangvolle Namen zu den großen öffentlichen Anbietern, z.B. Bundesanstalt für Arbeit, Bundesversicherungsanstalt für Angestellte, Deutscher Bundestag, Statistisches Bundesamt, Stiftung Warentest, Verbraucherzentralen. Auch viele andere nichtkommerzielle Anbieter tragen zur Attraktivität des Gesamtsystems bei, etwa Automobil-Clubs, Bildungseinrichtungen, Religionsgemeinschaften sowie karitative und gemeinnützige Einrichtungen. Es gibt eine Arbeitsgemeinschaft Öffentlicher Anbieter, die sich der Förderung von Bildschirmtext als Instrument für Bürger-Service widmet. Die Bildschirmtext-Anbieter-Vereinigung bildet eine gemeinsame Plattform für Anbieter aus allen Kreisen von Wirtschaft und Gesellschaft. Die über 400 Mitglieder wollen durch Erfahrungsaustausch und Selbstregulierung Beiträge für eine möglichst optimale Funktionsfähigkeit und für Benutzerfreundlichkeit des gemeinsam genutzten Gesamtsystems leisten.

5. Die Geschäftskommunikation übernimmt für die Markteinführung von Bildschirmtext mit Sicherheit eine Vorreiter-Rolle. Durch Bildschirmtext wird nämlich Datenfernverarbeitung und Datenfernübertragung an Stellen und Plätzen möglich, wo herkömmliche DV-Systeme zu teuer waren. Telesoftware und intelligente Endgeräte (Kleincomputer) erweitern die Möglichkeiten der geschäftlichen Nutzung. Für die Wirtschaft spielen Geschlossene Benutzergruppen eine wichtige Rolle. Sie sind z.B. vorstellbar und werden vorbereitet zwischen Zentralen der Versicherungsgesellschaften und den Außendienst-Vertretern, zwischen Firmen-Zentralen und Filialen, zwischen Herstellern und Handel, zwischen Pharma-Unternehmen und Ärzten sowie Apothekern, um nur einige Beispiele zu nennen. Auch der individuelle Mitteilungsdienst läßt sich für Zwecke der Geschäftskommunikation einsetzen, und zwar über Verteil-Listen der Post oder entsprechend programmierte Personalcomputer. Dadurch wird eine Ansprache bestimmter Zielgruppen und eine Aktivierung dieser Teilnehmer möglich.

6. Die private Akzeptanz folgt mit großer Wahrscheinlichkeit der geschäftlichen Nutzung. Fast 90 % der Feldversuchsteilnehmer wollen, wie sie erklärt haben, weiter mitmachen. Bei den privaten Teilnehmern haben sich folgende Nutzungs- und Beliebtheitsschwerpunkte ergeben:

   - aktuelle Information bei Bedarf (elektronisches Archiv);
   - Warenangebote und Dienstleistungen sowie Service-Angebote;
   - Bestellmöglichkeiten beim Handel und Kontoführung;
   - Dialogfähigkeit und Interaktionsmöglichkeiten des Systems;
   - Kommunikation über den individuellen Mitteilungsdienst.

Zusammengefaßt läßt sich feststellen: Btx wurde von den privaten Feldversuchsteilnehmern als ein Instrument für die bessere Organisation von Alltags-Routinen empfunden (Prof. Treinen).

7. In der Bundesrepublik Deutschland wird Bildschirmtext jetzt schrittweise als bundesweiter Fernmeldedienst eingeführt, und zwar mit den vollen Leistungsmerkmalen des CEPT-Standards. Die Post will das System so beschleunigt aufbauen, daß es von Mitte 1985 an bundesweit und flächendeckend zum Nahtarif potentiell zur Verfügung steht. Die Post rechnet bis Ende 1986 mit 1 Million Teilnehmern (Diebold mit 700 000), die sich aus 600 000 geschäftlichen und 400 000 privaten Teilnehmern zusammensetzen könnten. Diesen Teilnehmern könnten dann 50 000 bis 60 000 Anbieter gegenüberstehen, davon rund 10 000 bundesweit und die übrigen nur regional. Bis dahin ist allerdings noch ein weiter Weg mit vielen Übergangsproblemen.

8. Die Marktdurchsetzung hängt sehr stark von den Gerätepreisen und den Postgebühren ab. In der Startphase sind die Verfügbarkeit von Geräten und die Preise dieser Geräte sicherlich wichtiger als die Postgebühren. Private Teilnehmer wollen für den Btx-Decoder nur rund 300 DM zusätzlich zum Farbfernseh-Gerätepreis zahlen. Die Post übt in der Übergangszeit Gebührenzurückhaltung, will aber ab Mitte 1986 Kostendeckung erreichen. Die vorgesehenen Gebühren werden im Anhang veröffentlicht und erläutert. Die Post wirbt damit, daß ein mittelständischer regionaler Anbieter mit etwa 50 Seiten Angebot für rund 100 DM im Monat oder 1200 DM im Jahr dabeisein kann. Im einzelnen gibt es manche Kritik an dem Gebührenkonzept. Die für Mitteilungs- und Antwortseiten vorgesehenen Gebühren werden allgemein als zu hoch empfunden. Sie beeinträchtigen das System in seinem Kern, nämlich in der Dialogfähigkeit. Auch die Kompatibilität der verschiedenen nationalen Systeme und damit ihre internationale Kommunikationsfähigkeit müssen noch verbessert werden.

9. Bildschirmtext hat die Rolle eines Trendverstärkers für Rationalisierungsvorgänge und Strukturveränderungen in der Wirtschaft. Hauptbetroffene von solchen Veränderungen könnten vor allem die Bereiche Handel, Kreditgewerbe, Versicherungen, Touristik, Medien sein. Das Heinrich-Hertz-Institut rechnet allerdings mit einem längeren Einführungs- und Marktdurchsetzungsprozeß, der solche Wirkungen strecken und mildern würde. In der Aufbauphase von Bildschirmtext dürften die arbeitsplatzschaffenden Effekte im Vordergrund stehen, während die Rationalisierungspotentiale erst längerfristig bei entsprechender Marktdurchsetzung zum Tragen kommen werden. Gegen Gefahren eines Datenmißbrauchs muß die technische Datensicherung, z.B. mit Chip-Karten, weiter vorangetrieben werden. Außerdem bilden die Datenschutzbestimmungen einen Schwerpunkt des Bildschirmtext-Staatsvertrages der Länder.

10. Die besonderen Chancen liegen nur im systemgerechten Einsatz von Bildschirmtext. Medienspezifische Vorzüge von Btx sind der Rechner-Dialog und die Interaktionsmöglichkeiten. Bildschirmtext muß ergänzend zu anderen Medien und im Medienverbund richtig eingesetzt werden. Der Aufbau integrierter Kommunkationssysteme wird immer wichtiger. Dabei könnte Btx für die Zusammenführung von Telekommunikation und Informatik, also in der sog. Telematik, eine Schlüsselrolle zufallen. Bildschirmtext kann aber nicht nur ein Bindeglied verschiedener Informations- und Kommunikationssysteme sein, sondern er eröffnet für die mittelständische Wirtschaft, für freie Berufe und Selbständige preiswerte Datenverarbeitungsmöglichkeiten. Es fehlt aber noch an Beratungsunternehmen, die solche Möglichkeiten erschließen helfen.

Ergebnisse einer Anbieter-Analyse durch die Forschungsgruppe Kammerer im April 1982

Tabelle 1:

Grundgesamtheit der Informationsanbieter nach Wirtschaftsbereichen

	Anbieter mit Vertrag	
Wirtschaftsbereich	absolut	%
Medien und Kultur	227	16
Handel	248	17
Dienstleistungen	488	34
Öffentliche Einrichtungen, Verbände	231	16
Produzierendes Gewerbe	175	12
Sonstige	67	5
insgesamt	1436	100

Tabelle 2:

Grundgesamtheit der Anbieter aus dem Wirtschaftsbereich „Medien und Kultur"

	Anbieter mit Vertrag	
Teilbereich	absolut	%
Zeitungsverlage	79	35
Zeitschriftenverlage	83	37
Buchverlage	14	6
Rundfunkanstalten	7	3
Nachrichtenagenturen Pressedienste	7	3
Druckereien	12	5
Film-, Videoproduktion und -verleih	10	4
(Film-)Theater, Kino Kabarett	1	0
Andere Kultur- und Medienproduktionen	14	6
insgesamt	227	100

Tabelle 3:

Grundgesamtheit der Anbieter aus dem Wirtschaftsbereich „Handel"

	Anbieter mit Vertrag	
Teilbereich	absolut	%
Versandhandel	19	8
Waren- und Kaufhäuser	13	5
Einkaufszusammenschlüsse -genossenschaften	9	4
Filialbetriebe	15	6
Radio- und Fernsehfachhandel	44	18
Buch- und Zeitschriftenhandel	9	4
EDV-Geräte-Fachhandel	14	6
Diverser Facheinzelhandel	61	25
Handelsvermittler, -vertreter, Makler	11	4
Großhandel	41	17
Groß- und Einzelhandel	12	5
insgesamt	248	100

Tabelle 4:

Grundgesamtheit der Anbieter aus dem Wirtschaftsbereich „Dienstleistungen"

Teilbereich	Anbieter mit Vertrag absolut	%
Kreditgewerbe, Geldwirtschaft	69	14
Versicherungen	34	7
Tourismus, Verkehr	113	23
davon Reiseveranstalter	22	5
Reisemittler	23	5
Reiseveranstalter und -mittler	11	2
Verkehrsträger	18	4
Fremdenverkehrsverbände	28	6
Andere Touristikfirmen	11	2
Beratungsunternehmen	191	39
davon Werbeagenturen	75	15
Software-Häuser	13	3
Ingenieur-Büros	6	1
Spezielle Btx-Agenturen	24	5
Unternehmensberatungen	61	13
Andere Beratungsfirmen	12	2
Rechenzentren	21	4
Andere EDV-Dienstleistungen	14	3
Verschiedene andere Dienstleistungen	46	9
insgesamt	488	100

Tabelle 5:

Grundgesamtheit der Anbieter aus dem Wirtschaftsbereich „Produzierendes Gewerbe"

Teilbereich	Anbieter mit Vertrag absolut	%
Landwirtschaft	4	2
Hersteller von Btx-(Peripherie-)Geräten	27	15
Andere Industrie	117	67
Handwerk	27	15
insgesamt	175	100

Tabelle 6:

Grundgesamtheit der Anbieter aus dem Wirtschaftsbereich „Öffentliche Einrichtungen, Institutionen, Verbände"

Teilbereich	Anbieter mit Vertrag absolut	%
Wirtschaftsorganisationen und Berufsverbände	103	45
davon Kammern	14	6
Spitzenverbände der Arbeitgeber	9	4
Industrieverbände	6	3
Handels- und Dienstleistungsverbände	36	16
Handwerksverbände	18	8
Berufsverbände	5	2
Gewerkschaften	2	1
Andere Wirtschaftsverbände	13	6
Verbraucherorganisationen, -verbände	16	7
Parteien, politische Organisationen	3	1
Kirchen, karitative Einrichtungen	15	6
Andere Organisationen des öffentl. Lebens: Vereine	5	2
Wissenschaftl. Einrichtungen, Bildungseinrichtungen	58	25
Öffentl. Verwaltungen: Sozialversicherung	31	13
insgesamt	231	100

Die endgültigen Gebühren für den bundesweiten Bildschirmtext-Dienst

Nr.	Art der Gebühren	Gebühr	Bezugsgröße	Fällig ab 9/83	ab 1/85 *	ab 1/86 *
1.	**Gebühren für Btx-Teilnehmer** (Anbieter inklusive)					
1. 1.	Monatliche Gebühr	8 DM	Btx-Anschluß	8 DM	–	–
1. 2.	Mitbenutzerkennung	5 Pfg.	Mitbenutzer/Tag	–	2,5 Pfg.	5 Pfg.
1. 3.	Absenden einer Mitteilung	40 Pfg.	Seite	–	20 Pfg.	40 Pfg.
1. 4.	Empfängerliste für das Versenden gleichlautender Mitteilungen	0,5 Pfg	Empfänger/Tag	–	0,25 Pfg.	0,5 Pfg.
1. 5.	Speichern einer abgerufenen Mitteilung	1,5 Pfg.	Seite/Tag	–	0,75 Pfg.	1,5 Pfg.
1. 6.	Abrufen aus fremden Regionalbereichen	2 Pfg.	Seite	–	1 Pfg.	2 Pfg.
2.	**Gebühren für Informationsanbieter**					
2. 1.	Monatliche Gebühr, bundesweit	350 DM	Leitseite	–	350 DM	–
2. 2.	Monatliche Gebühr, erster regionaler Bereich	50 DM	Leitseite	50 DM	–	–
2. 3.	Monatliche Gebühr, weiterer regionaler Bereich	15 DM	Leitseite	–	–	15 DM
2. 4.	Speichern einer Seite, bundesweit	7,5 Pfg.	Tag	–	3,75 Pfg.	7,5 Pfg.
2. 5.	Speichern einer Seite, regional	1,5 Pfg.	Tag	–	0,75 Pfg.	1,5 Pfg.
2. 6.	Berechtigung für eine geschlossene Benutzergruppe (GBG)	50 DM	Monat	50 DM	–	–
2. 7.	Berechtigungsliste für GBG	1,5 Pfg.	Tag/Adresse	–	0,75 Pfg.	1,5 Pfg.
2. 8.	Verbindung externer Rechner mit dem Btx-System	250 DM	Datex-P-Hauptanschluß/Monat	250 DM –	– –	– –
2. 9.	Übertragen einer Seite nach externen Rechnern	1 Pfg.	Seite	–	0,5 Pfg.	1 Pfg.
2. 10.	Absenden einer Antwortseite zum Anbieter	30 Pfg.	Seite	–	15 Pfg.	30 Pfg.
2. 11.	Speichern einer abgerufenen Antwortseite	1,5 Pfg.	Tag/Seite	–	0,75 Pfg.	1,5 Pfg.
2. 12.	Eingeben von Btx-Seiten m. Benutzerführung	2 Pfg.	Minute	–	1 Pfg.	2 Pfg.
2. 13.	Einarbeiten von Btx-Seiten zeitgleich	10 Pfg.	Seite	–	5 Pfg.	10 Pfg.
2. 14.	Einarbeiten von Btx-Seiten, verzögert	5 Pfg.	Seite	–	2,5 Pfg.	5 Pfg.
2. 15.	Übernehmen von Btx-Seiten von materiellen Datenträgern	20 DM	Datenträger	20 DM	–	–
2. 16.	Eintrag in Anbieterliste, Stichwortverzeichnis	5 Pfg.	Tag/Stichwort	–	2,5 Pfg.	5 Pfg.
2. 17.	Bearbeiten der Anbietervergütung, Grundbetrag	20 DM	Gutschrift	20 DM	–	–
2. 18	Bearbeiten der Anbietervergütung, Zuschlag	2 Proz.	Vergütungsbetr.	2 Proz.	–	–
3.	**Einmalige Gebühren**					
3. 1.	Änderung eines bestehenden Teilnehmerverhältnisses in ein Btx-Teilnehmerverhältnis	55 DM	Btx-Anschluß	55 DM	–	–
3. 2.	Berechtigung für das Herstellen von Verbindungen zu einem ext. Rechner	55 DM	Zuteilung der Berechtigung	55 DM		
3. 3.	Berechtigung zum Eingeben von Btx-Seiten mit Zuteilung einer Leitseite	55 DM	Zuteilung der Berechtigung	55 DM	–	–
3. 4.	Berechtigung für GBG	55 DM	Zuteilung der Berechtigung	55 DM	–	–
3. 5.	Berechtigung für den Anschluß eines externen Rechners	55 DM	Zuteilung der Berechtigung	55 DM	–	–
4.	**Sonstige Gebühren**					
4. 1.	Aufstellung der erhobenen Vergütungen, erstes Blatt	12 DM	Antrag	12 DM	–	–
4. 2.	Aufstellung der erhobenen Vergütungen, weitere Blätter	1,40 DM	Blatt	1,40 DM	–	–

* Eine Verschiebung auf die Jahresmitte ist beabsichtigt, aber noch nicht formell beschlossen.

Quelle: Btx-Dokumentation der IHK Berlin, 1983

Btx-Gebühren sollen stufenweise in Kraft treten

Erläuterungen zu den geplanten Bildschirmtext-Gebühren der Post

Am 21. März 1983 hat der Verwaltungsrat der Deutschen Bundespost in der „22. Verordnung zur Änderung der Fernmeldeordnung" die benutzungsrechtlichen Aspekte des bundesweiten Btx-Regeldienstes beschlossen. Kernstück dieser Verordnung sind die von Anbietern, Nutzern und Betreibern externer Rechner zu erhebenden Gebühren.

Die Vorschläge des Ministeriums waren im Januar veröffentlicht worden und sind bis auf wenige Änderungen vom Verwaltungsrat auch in der vorgeschlagenen Fassung verabschiedet worden. Vor und nach der Veröffentlichung, nämlich seit Herbst 1982, hat der Vorstand der Btx-A. V. im Interesse aller Mitglieder und unter Zuhilfenahme von Modellrechnungen sowie nach intensiven Diskussionen mit Fachleuten zum Teil erhebliche Gebührensenkungen erreichen können. Ohne Übertreibung kann festgestellt werden, daß ohne die vielen Gespräche mit der Projektleitung Bildschirmtext und mit dem Minister persönlich die Gebührenbelastung der Anbieter in vielen Fällen beträchtlich höher ausgefallen wäre. Außerdem ist das stufenweise Inkrafttreten der Gebühren ein wesentlicher Erfolg der Bemühungen der Btx-A.V.

Da in vielen Veröffentlichungen die Positionen der Gebührentabelle ohne erläuternden Kommentar abgedruckt werden und häufig auch die dahinterstehende Technik sowie die verschiedenen Phasen ihrer Einführung nicht so geläufig sind, soll hier versucht werden, beides miteinander in Verbindung zu bringen.

Wichtig bleibt festzustellen, daß der Verwaltungsrat ausdrücklich eine Überprüfung der Gebühren nach einer gewissen Zeit fordert und dies auch zu Protokoll gegeben hat. Diese „Revisionsklausel" hatte auch die Btx-A. V. immer gefordert um zu überprüfen, ob die dem Gebührenmodell zugrundeliegenden Annahmen auch tatsächlich eingetroffen sind. Eine weitere Erleichterung ist in Sicht: Während die hier abgedruckte Tabelle noch den Stand vom 21. März wiedergibt, wurde im gleichen Monat die Verschiebung der Inbetriebnahme des IBM-Systems bekannt. Der Postminister hat daraufhin im Mai 1983 auch die Verschiebung der stufenweisen Einführung der Gebühren um ein halbes Jahr bekanntgegeben. Die entsprechende Änderung der Fernmeldeordnung durch den Verwaltungsrat wird im Herbst 1983 erwartet.

Einrichtung, Anschluß, Grundgebühr

Die Deutsche Bundespost führt Btx als Fernmeldedienst stufenweise ab 1. September 1983 ein. Bis Mitte 1985 ist die Vollversorgung des gesamten Bundesgebietes zum Nulltarif geplant. In der Übergangszeit erfolgt der Zugang über das Telefon-Fernnetz. Anschluß bzw. Änderung eines Anschlusses kosten einmalig 55 DM (3)*. Diese Gebühr entfällt für die Teilnehmer und Anbieter der Feldversuche.

Die Post stellt auch die erforderlichen Btx-Anschlußboxen für 8 DM pro Monat zur Verfügung (1.1). Mit ihr erfolgen in der Regel die Anwahl der Btx-Vermittlungsstelle sowie die Aussendung der Teilnehmerkennungen automatisch. Die Datenübertragung hat die Geschwindigkeit 1200/75 bit/sec. Schnellere Modems (1200/1200) sind für die Btx-Anbieter mit hohem Eingabevolumen wirtschaftlich, da die höhere Monatsmiete (100,– DM) durch eingesparte Telefongebühren mehr als ausgeglichen wird.

Telefongebühren in der Aufbauphase

In der Übergangsphase bis zum vollen Netzausbau können Anbieter und Teilnehmer in nicht versorgten Gebieten über alle Modems auch im Handbetrieb den jeweils nächstgelegenen Btx-Zugangspunkt anwählen, dann jedoch zum entsprechenden Telefon-Ferntarif.

*) *Anmerkung:* Die im Text genannten Ziffern beziehen sich auf die offizielle Numerierung der Gebührenpositionen in der Tabelle.

Eine Rückrechnung auf 8-Minuten-Takt wie in den Versuchen ist nur für die Übergangszeit bis zur Inbetriebnahme der IBM-Techik vorgesehen, nicht jedoch im CEPT-Abrufsystem.

Weiterhin ist in einer späteren Phase die Eintragung von Mitbenutzern (z. B. Familienmitgliedern) möglich. Hierfür werden dann 0,05 DM pro Tag berechnet (1.2).

Systemaufbau bis Ende 1984

Das neue Systemkonzept der Firma IBM sieht einen bundesweiten Netzverbund vor. Jede Information (Seiten- oder Mitteilungseingabe) geht über die zuständige Btx-Vermittlungsstelle über schnelle Standleitungen an die Leitzentrale in Ulm, die die Original-Datenbank, auch im juristischen Sinne, darstellt. In der ersten Phase bis etwa Mitte 1985 wird es ein bundesweit einheitliches Btx-System geben, dessen gesamte Informationsinhalte von allen Teilnehmern ohne Mehrkosten abgerufen werden können. Es fallen lediglich die Telefon-Verbindungsgebühren an (8- bis 12-Minuten-Takt oder Ferngebühren außerhalb der Nahbereiche der Btx-Vermittlungsstellen, keine Zeitbegrenzung in Berlin). In diesem Zeitraum erhebt die Post nur die Gebührenpositionen 3 und 1.1 sowie die regionale Grundgebühr 2.2.

Regionalisierung

In der zweiten Version der IBM-Software (von Mitte 1985 an) ist dann eine Regionalisierung der Angebote möglich. Nach wie vor sind alle Informationen bundesweit verfügbar, doch erhält der Teilnehmer nur die als „bundesweit" oder aber für seine Region als „regional" bezeichneten Seiten ohne Zusatzgebühren. Die Regionen sollen den 31 Regierungsbezirken entsprechen.

Um den Verkehr zwischen Teilnehmern und der Leitzentrale so gering wie möglich zu halten, speichert die Post nämlich auf kleineren Rechnern bei den jeweiligen Btx-Vermittlungsstellen je-

weils einige 10000 Seiten, die im jeweiligen Bereich am meisten angefordert werden. Deklariert ein Hamburger Anbieter seine Seite als „regional" für Hamburg, muß ein Teilnehmer in München 0,02 DM Übertragungsgebühr pro Seite an die Post zahlen (1.6).
Ein Anbieter, der bundesweit seine Inhalte allen Teilnehmern ohne diese Mehrkosten zugänglich machen will, kann sein Angebot entsprechend deklarieren und zahlt dafür höhere Grund- und Seitenspeichergebühren: 350 DM (2.1) statt 50 DM (2.2) pro Monat plus 7,5 Pf pro Seite und Tag (2.4) statt 1,5 Pf pro Seite und Tag (2.5).
Die Speichergebühren 2.4 uns 2.5 sollen, wie auch die meisten anderen Gebühren, voraussichtlich erst ab Mitte 1986 voll und ab Mitte 1985 zur Hälfte berechnet werden.
Es besteht auch die Möglichkeit, mehrere ausgewählte (z.B. aneinandergrenzende) Regionen zu „belegen" oder zusätzlich zu einem „bundesweiten" Angebot „regionale" Angebote zu machen. Dann werden für die zusätzlichen Regionen jeweils 15 DM pro Leitseite und Monat fällig (2.3). An Speichergebühren fällt das entsprechende Vielfache an, so daß sich diese Lösung, außer bei zusätzlich notwendigen Regionalinformationen zu einem bundesweiten Angebot, wohl nur bis zu maximal vier Regionen lohnen dürfte.

Geschlossene Benutzergruppen

Angebote oder Teile davon können auch geschlossenen Benutzergruppen angeboten werden. Das Einrichten solcher Gruppen kostet ab Mai 1984 50,– DM pro Monat (2.6). Hinzu kommen später 0,75 Pf bzw. 1,5 Pf pro Eintrag und Tag (2.7). Hier ist eine wesentliche Erweiterung der Möglichkeiten gegenüber den Versuchen geplant.

Eingabe von Seiten

Die Eingabe, Änderung, Überarbeitung oder Löschung von Seiten kann vom Anbieter sofort verlangt werden. Ansonsten erfolgt sie in einem nächtlichen Routinelauf. Die Gebühren betragen 0,10 DM für sofortige (2.13) bzw. 0,05 DM für zeitversetzte Änderungen (2.14) pro Seite. Bei Benutzung des Online-Editors werden darüber hinaus 0,02 pro Minute berechnet (2.12). Die letztgenannte Gebühr wird im bulk-updating nicht erhoben. Bei größeren Eingabemengen kann auch ein Datenträger (Magnetband) erstellt werden, der durch die Leitzentrale in Ulm verarbeitet wird. Hierfür werden zusätzlich zu den genannten Gebühren 20 DM pro Datenträger berechnet (2.15).

Mitteilungsdienst

Für das Absenden von Antwort- oder Mitteilungsseiten erhebt die Post 0,30 DM bzw. 0,40 DM pro Seite (2.10 bzw. 1.3), und zwar wird bei a-Seiten der Anbieter („Gebühr zahlt Empfänger") und bei m-Seiten der Absender belastet. Durch entsprechende Verwendung von Entgelten kann dieser Betrag beliebig aufgeteilt werden. Entgelte werden im übrigen bei solchen Seiten im Gegensatz zu heute erst mit dem Absenden fällig.
Eingegangene Mitteilungen werden dem Teilnehmer künftig zunächst aufgelistet, so daß er die gewünschten Mitteilungen auswählen kann. Nicht abgerufene Mitteilungen werden nach einem Monat mit entsprechendem Vermerk an den Absender zurückgeschickt. Auch die Fernabfrage des Briefkastens ist möglich. Die genannten Dienstleistungen sind in den Gebührenpositionen inbegriffen. Hingegen müssen für die Rückspeicherung einer abgerufenen Mitteilungsseite künftig 1,5 Pf pro Tag entrichtet werden (1.5).
Bei Rundsendungen an bestimmte Teilnehmergruppen (z.B. Vereinsmitglieder) oder an alle Teilnehmer kann entweder eine intelligente Endeinrichtung entsprechend vorprogrammiert werden.
Die Mitteilungen müssen dann allerdings entsprechend oft eingespeichert werden. Will man sich dies ersparen, kann man im Postsystem Verteillisten anlegen. Hierfür werden 0,5 Pf je Eintrag und Tag berechnet (1.5). Zu einem späteren Zeitpunkt wird der Teilnehmer die Möglichkeit erhalten, sich gegen unerwünschte Werbung im elektronischen Briefkasten zu schützen („Robinson-Liste"). Als „Werbung" gekennzeichnete Mitteilungen können dann in seinen Briefkasten nicht mehr eingelegt werden.

Rechnerverbund

Betreiber von externen Rechnern zahlen ab Mai 1984 zusätzlich zu den (anfallenden) Datex-P-Gebühren 250 DM pro Monat je Datex-P-Adresse (2.8).
Für die Datensammlung beim Teilnehmer (z.B. Bankverkehr, Bestellungen, intelligentes Suchen in Datenbanken) wird 1 Pf pro Seite beim Rechnerbetreiber erhoben (2. 9.). Solche Datensammelseiten können entweder vorher aus dem externen Rechner übertragen oder aber bereits im Postsystem („Format-Service") gespeichert werden. Gebühren im Rechnerverbund können selbstverständlich über entsprechende Entgelte auf den Teilnehmer abgewälzt werden.

Anbieter-Vergütungen

Sämtliche Anbieter-Vergütungen im Postsystem wie auch im Rechnerverbund werden durch die Post beim Teilnehmer mit der Telefonrechnung eingezogen und dem Anbieter in der Regel monatlich gesammelt ohne Einzelnachweis gutgeschrieben. Für diese Dienstleistung berechnet die Post ab Mai 1984 20 DM plus 2% des jeweiligen Betrages der Gutschrift (2.17 bzw. 2.18). Wegen der Höhe dieser Gebühr erfolgt die Gutschrift frühestens dann, wenn 50 DM erreicht worden sind. Für den Fall von Entgelt-Streitigkeiten erstellt die Zentrale auf Antrag gegen Gebühr eine Auflistung (4).
Jeder Teilnehmer wird später selbst bestimmen können, von welchem Betrag an pro Seite automatisch eine Vergütungsankündigung (Vorab-Übertragung von Zeile 1 und Zeile 24) durchgeführt werden soll. In der ersten Phase erscheint diese Ankündigung automatisch bei allen vergütungspflichtigen Seiten. Die gesetzlich geforderte Ankündigung durch den Anbieter kann mit Inbetriebnahme der IBM-Technik entfallen.

Schlagwörterverzeichnis

Für die Eintragung von Anbindungen an das elektronische Schlagwörterverzeichnis der Post werden 0,05 DM pro Anbindung und Tag (2.16) berechnet. In diesen Gebühren ist das Anzeigen der bestehenden Anbindungen (bis zu zehn pro Seite) und der automatische Änderungsdienst (z.b. Erlöschen der Anbindung bei Löschen einer Seite) enthalten.

Anmerkung:
Bei nebenstehender Tabelle handelt es sich um die Fassung, wie sie vom Verwaltungsrat der Deutschen Bundespost im März 1983 beschlossen worden sind. Im gleichen Monat wurde die Verschiebung der IBM-Zentralentechnik und die daraus resultierende verzögerte Einführung von Bildschirmtext in den Jahren 1983/84 bekannt. Die Deutsche Bundespost hat daraufhin bekanntgegeben, daß für die Feldversuchsteilnehmer und -anbieter die Versuchskonditionen weitergelten, bis die IBM-Technik in Betrieb genommen wird. Darüber hinaus hat der Postminister angekündigt, daß er dem Verwaltungsrat eine Änderungsverordnung vorlegen will, in der die Verschiebung der in den beiden letzten Spalten genannten Gebührenpositionen um jeweils ein halbes Jahr beschlossen wird. Diese Gebühren würden dann erst ab 7/85 bzw. 7/86 fällig. Mit einer Verabschiedung im Herbst wird gerechnet.

Applications of Bildschirmtext in the Federal Republic of Germany

Adalbert Rohloff, Berlin

1. Bildschirmtext (Btx) is a multipurpose instrument with a number of applications, e.g. as an information medium, as a sales instrument, as an organizational tool and as a many-sided communications system. The main advantages of the German Btx system are the computer network linkup and its two-way capacity. Btx can be characterized as Everyman's Database or the People's EDP. Who can advise on its optimum employment?

2. The field tests conducted in Berlin and Düsseldorf/Neuss from June 1980 to September 1983 were by no means representative in all respects. The regional limitation and the restriction to 3000 subscribers in both cases rendered many future potential applications of Btx impracticable and some, like nationwide closed user groups, absolutely impossible. Many business applications could not be tested at all. The main concern of the field tests was to investigate the social effects and the private acceptance of the new system. Here the field tests did yield some interesting findings. However, they have far less evidential value where Btx as an instrument of business communication is concerned.

3. In spite of the restricted number of subscribers, a surprisingly large number of Information Providers (IPs) took part in the field tests. One of the main reasons was that anyone living outside the regional limits of the field tests could only gain access to the Btx service and thus have the opportunity of gaining experience with the new system if he were to acquire IP status. At the conclusion of the field tests there were over 2000 IPs and almost as many sub-IPs, because it was not long before there

were no more index pages and modems available for IPs. Alone in the computer of the Federal Postal Administration these IPs had input more than 300,000 pages of information -- this figure does not include pages stored in external computers.

4. The IP structure during the field tests shows that Btx is interesting not just for IPs from industry and commerce but also for all branches of society. The Federal Postal Administration commissioned the Kammerer Research Team in April 1982 to investigate which sectors of society the IPs, at that date already over 1400, represented. There were 1436 IPs all told and they were distributed as follows:

	actual number	%
Media and cultural sphere	227	16
Trade and commerce	248	17
Service sector	488	34
Public institutions and associations	231	16
Manufacturing trades	175	12
Miscellaneous	67	5
Total	1436	100

Among the 231 IPs from the sector "public institutions and associations" a number of local authorities were already to be found: the press office of the Berlin Senate, the towns of Düsseldorf, Neuss, Augsburg, Munich and the Umlandverband Frankfurt (Association of Greater Frankfurt). Among the public institutions a number were also well known: the Federal Labour Agency, the Federal Social Insurance Institution for Employees, the German Bundestag, the Federal Statistical Office, Stiftung Warentest and consumer central offices. The system as a whole was made still more attractive by many other non-commercial IPs, such as automobile associations, educational institutions, religious bodies, and charitable and non-profitable institutions.

5. Business communication naturally plays a leading role where market penetration is concerned. Btx makes remote data processing and remote data transmission possible in areas and places where

traditional EDP systems were too expensive. Telesoftware and intelligent terminals (small computers) expand still further the business application possibilities. The closed user groups play an important role for industry, trade and commerce. Such closed groups are conceivable and are in preparation, for example, between the head offices of insurance companies and their agencies, between corporate headquarters and their branches, between manufacturers and traders, and finally between pharmaceutical firms on the one hand and doctors and pharmacists on the other. The individual service can also be used for purposes of business communication.

6. Next in importance after the business applications is private acceptance. Almost 90% of the field test subscribers want to participate in the service in future, too. The main uses and areas of popularity among the private subscribers were:
   - latest information as required
   - offers of goods and services
   - direct ordering from traders and account keeping
   - two-way and interactive possibilities offered by the system
   - individual mailboxing.

   In brief: Private field test participants regarded Btx as a better way of organizing daily routine tasks (Prof. Treinen).

7. The Federal Postal Administration intends to accelerate the extension of the service so that, from mid 1985 on, it will be potentially available at local-call charge at every point in the Federal Republic of Germany. By the end of 1986, the Postal Administration estimates there will be 1 million subscribers (Diebold 700,000), who could consist of some 600,000 for business and some 400,000 for private applications. These subscribers will be catered for by roughly 50,000 to 60,000 IPs, some 10,000 offering their services nationwide, the rest regionally. Certainly these figures are estimates, but still they are not unrealistic.

8. The market penetration depends very much on the price of equipment and the height of the postal charges. In the initial phase the availability and price of equipment is of greater importance than the postal charges. Although during the transitional phase

the Federal Postal Administration is exercising restraint in regard to fees, from 1986 on it would like them to cover the cost of running the service. The charges envisaged for mailbox and response pages are generally considered too high -- and this strikes a blow right at the heart of the system which is its two-way capacity.

9. Btx also acts as an intensifier of rationalization processes and structural changes in industry, trade and commerce. The main areas affected here will be in all probability: trade and commerce, banking facilities, insurance business, the tourist trade and the media. However, the Heinrich-Hertz-Institut reckons with a somewhat longer implementation- and market-penetration phase, which will prolong and mitigate such effects.

10. Btx's special chances lie in applications which directly arise from the system. The media-specific opportunities offered by Btx are to be seen in its two-way capacity and its interactive possibilities. Btx should supplement other media; the right approach is multimedial. The erection of integrated communication systems is of growing importance. In the process Bildschirmtext could have a key role to play in the union of telecommunications and computer science, or in what are known as the "telematic services".

Videotex Applications in Japan

Masanori Yamamoto, Tokyo

I. Summary of our testing system

Good afternoon.

I'd like to review just a couple points of the detailed report of the test systems you received this morning. The Japanese Videotex system CAPTAIN (Character and Pattern Telephone Access Information Network) System is a revolutionary user inter-active system, which was developed to answer the personal information needs demanded by the nation. Our nation has four hundred thousand households with telephones, 98.9% of all households have TVs, plus we have a strong background in semi-conductor and computer technology.

The first testing service was begun in Dec. of 1979. The service was monitored by homes and businesses, covering many walks of life. The information was supplied by providers who constantly offered the latest information. This CAPTAIN System test is providing solutions to problems and clearly showing the needs of the public.

The second testing service used the information and results from the first testing service. In this test we attempted a service model, as close as possible to the commercial service, by offering a larger variety of features, such as a closed user group service, and an order entry service, to name just a few new features, plus we doubled our monitors and information files. We have just completed this second testing service, and are now making the final preparations before offering the commercial service.

II. Reactions to the CAPTAIN System during the testing stages

I would like to share with you eight points derived through the testing services.

Number one: Usage situations...

According to the survey taken, the households made use of the service once or twice a week, for 20 to 25 minutes per usage. The whole family was able to make use of the system; the father used information that enhanced his general knowledge, the mother used information to help her with general daily life activities, and the children used the information as another form of entertainment. Chart number one shows the usage and percentages of the system.

Chart No.#1: User vs. Purpose

Purposes / User	Daily Needed Information	Increase Knowledge	Study	Enter-tain-ment	Product Buying · Reserva-tions	No Purpose	Other	Not Clear	Total
Father	23.7%	28.2%	0.7%	7.3%	0.4%	12.3%	1.3%	26%	100%
Mother	28.0%	12.0%	0.4%	6.0%	4.3%	7.2%	0.3%	41.8%	100%
Children	11.6%	2.9%	6.3%	37.2%	0.6%	1.7%	--	39.8%	100%
Others	1.7%	1.0%	0.4%	3.0%	0.4%	2.0%	0.1%	91.3%	100%

Number two: Information Provided

In order to grasp the needs of the community all information provided by the testing service was live, not taped, information. The information providers voluntarily supplied information for the testing service free of charge. Chart number two shows the types and numbers of information providers. These represented most of Japan's businesses concerned with information services, newspapers, printing/publishing companies, etc.

During the second testing service the Order Entry feature was available, making it possible for the user to make direct contact with the provider. Near the end of the second testing, it was announced that the CAPTAIN System would become a commercial service. This means that services like home banking are feasible, which caused a great increase in bank, etc. participation.

Chart #2: The Number and Types of Information Providers

Types	First Testing 3/15/81	Second Testing Feb. '83
Newspapers	25	27
Broadcasting	9	9
Department Stores	22	21
Advertising	26	23
Printing/Publishing Companies	37	34
Credit · Insurance	9	52
Travel · Transportation	23	20
Commerce · Wholesale	4	13
Community · Local Gov't	16	18
Surveys · Consultants Information Suppliers	13	23
Others	15	16
Total	199	261

Number three: Monitors

We chose 2,000 households in the 23 wards of Tokyo to be monitors. The type of monitors are shown in chart three. During the second experiment, instead of simply doubling the number of homes, we increased the number of monitors in businesses, so that we would get a better understanding of their needs.

Chart #3: Numbers of Monitors

	First Testing	Second Testing
Residences	650	1,200
Offices	150	500
IPs	150	200
Demonstrations	25	75
CAPTAIN System Center	25	25

Number four: Separation of the Number Information Screens and Accesses

In the beginning about two hundred thousand frames were provided for the initial service. Chart Number four shows this information. As you can see, the information is divided into categories of daily needs. In the initial service, entertainment, hobbies, games, quizzes, and movie information claimed about 50% of the provided information. In the second test service, however, weather, news, educational information, travel, specialized information, and order entry accesses were increased.

Chart #4: Separation of Information

Type of Information	First Test Screens	First Test Accesses	Second Test Screens	Second Test Accesses
	Mar. 15, 1981		Mar. 3, 1983	
Items	1,749		4,871	
News/Weather	5,112	327,976	14,252	658,486
Notices	6,684	40,381	17,579	102,225
Health/Beauty/ Child Rearing	1,692	21,072	1,916	54,302
Shopping	4,211	154,099	5,927	284,884
Cooking	5,047	68,639	7,213	128,020
Housing	1,740	45,050	4,209	72,327
Home Economics	1,850	18,657	3,547	74,519
Living Tips	9,089	55,101	10,669	176,218
Education/Study	14,081	321,974	23,372	679,330
Sports	10,488	305,754	10,673	592,643
Entertainment	17,600	1,455,536	44,169	552,944
Travel	7,619	125,971	9,488	276,007
Specialized Information	8,210	109,820	12,470	365,310
English Information	436	44,543	1,194	39,913
Town Guides	316	13,381	732	5,010
Order Entry	3,020	---	24,272	160,683
Total	98,944	3,107,851	106,553	9,199,121

Number five: Service Times

The service was provided everday from 10a.m. to 10p.m.. When the actual service begins we intend to offer the service from 7a.m. to 12a.m. in accordance with the present TV broadcasting times.

Number six: Information Reference Service

The information used most in the homes includes: quizzes, games, news, weather, shopping, cooking, and movie information.

Number seven: Order Entry Service

Presently, the main services provided include: home shopping, requests for catalogues or pamphlets, quiz participation, and surveys. There are now 22 companies offering their co-operation with a great variety of home shopping services; these include department stores, GMS, speciality shops, mail order companies, credit card companies, manufacturers, record companies, printing and publishing companies.

To explain how home shopping is used, first the user watches the product information on the TV screen, and then the user simply enters the number and amount of the products wanted. There is also a system where the users can just make orders from the catalogues which have been sent to them, by means Keypad INPUT. The INPUT data is automatically detected, the address, telephone number and name of the user making the order is recorded by the computer in the Center. The output at the Center is in the form of a list, which is distributed to the department stores, mail order houses, or wherever the order is made. When service actually begins, it will be possible for the department stores and other stores to be equipped with their own CAPTAIN System computers.

Then the users will be able to make direct orders, to these computers. Payment is now done by cash-on-delivery, but in the future this can be done very conveniently by home banking and/or credit. Chart number five shows the actual order entry information and Chart number six shows its usage.

Chart #5: Order Entry Service

Service Contents	Providers 3/31/83	Users 3/31/83
Home Shopping	22	5,658
Quizzes	2	26,383
Pamphlets/Catalogues	12	3,265
Surveys	5	1,382
Total	41	36,686

Chart #6: Order Entry Services and Usages

Usages / Services	Have used	Have seen on TV, but not used	Knowledge of system, but have not seen	No Know-ledge of system	N.A.	Total	1982 Survey Users
Home Shopping	6.3%	46.2%	33.6%	6.3%	7.6%	100%	3.4%
Pamphlet/ Catalogue	20.9%	20.5%	28.0%	11.2%	19.5%	100%	3.1%
Quizzes	30.2%	18.9%	22.0%	10.9%	18.0%	100%	16.3%
Surveys	17.2%	17.0%	29.3%	15.35	21.2%	100%	0.4%
Ticket Reservations for Theaters and Cinemas	1.9%	22.9%	36.2%	16.9%	22.2%	100%	

Number eight: Closed User Group Service

The screen for this service is shown to only those who are members of the group. This specialized information is supplied to the group members or a certain business group.

III. Applications Forecast

Moving on to applications, I believe there are four points we should consider concerning this service.

Number one: Actual usage intentions

From the surveys taken by households, on a fixed fee for the service, 67.4% said they would buy or would study the option, as compared with 58.5% in an earlier survey. The initial costs would be installments costs ranging from eighty to a hundred thousand yen, plus telephone costs at about thirty yen for three minutes, plus fees for the information itself.

Number two: Available Services Wanted by those who were Monitors.

Reservation services and home banking services were most wanted. Reservation services were also of high priority in a previous survey. The types of reservation services wanted are shown in chart seven.

Chart #7: Desired Services

Types	Selection	%age
Reservation Services	Travel Reservations	62.7
	Hotel, Theatrical Reservations	54.6
Home Banking Services	Account Balance Confirmation	60.4
	Transfer of Funds From Personal Account to Another Account	54.5
	Payment From Bank to Company Product was Purchased From Through the CAPTAIN System	37.8
Closed User Group Services	Stock Reports, Market Reports, Horse Races, etc. Paid Service to Members Only	18.6
Data Transmissions, Message Services	With INPUT Data From the Keypad a Service to Calculate and Diagnose the Home Budget, Calories, Biorhythms, etc.	16.9
	Sending and Receiving Messages From Your Keypad to Another CAPTAIN System Owner	22.2
	Others	4.4

Number three: Usage Intentions, Information Categories & Fees

From the results of the survey taken by those who were monitors, we find that first those with high usage intentions, also want high priced information necessary for life, but these types of information sources are limited; the next group have comparatively high usage intentions, but do not want expensive information, the next group has low usage intentions, but relatively expensive information, which means this group knows what kind of information they want and are willing to pay for it, and the fourth group has lower usage intentions, with low information costs. Chart #8 depicts these different usage intentions and information fees.

Usage Intentions, Information Categories & Fees

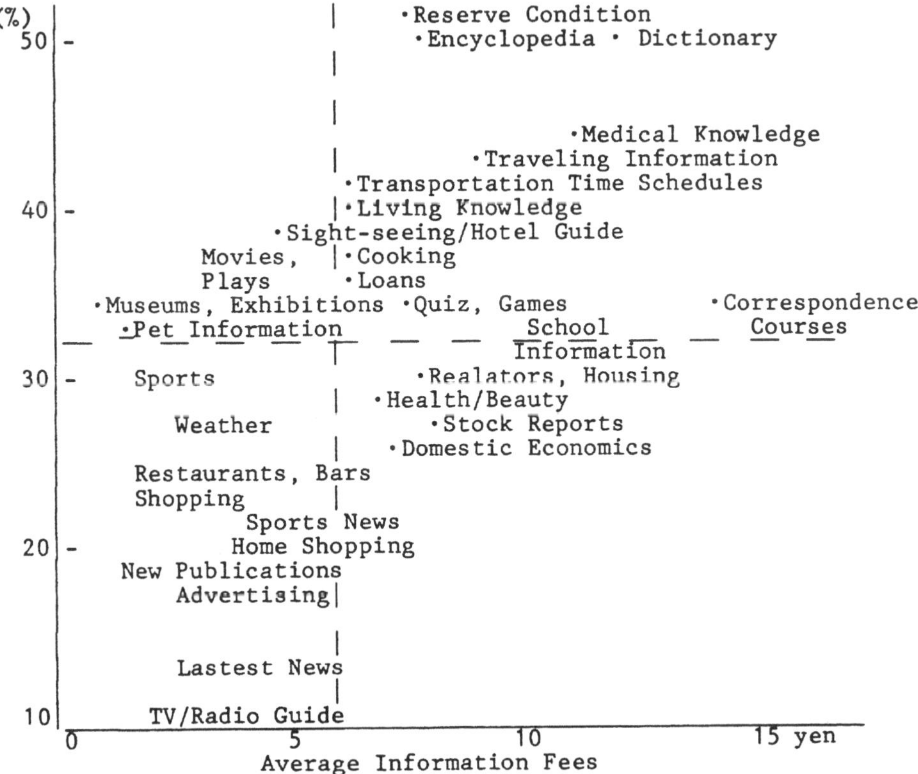

Number four: Services to be Expected

Based on the above surveys, Chart number nine shows the types of commercial services to be provided. I believe information that can provide a type of encyclopedia for living, is wanted most, this would include; news, weather, health, family rearing, beauty, shopping, cooking, education, entertainment, travel, sports, events, and the like. Also, all kinds of educational programs have been prepared, for home study for all ages. At the same time, quizzes, games, hobbies, can offer pleasurable entertainment to many. There are also banking services, from deposits to withdrawals, money transfers, or whatever can all be done right at home. The users will also be able to look at products sold by a variety of stores, and order anything they may like, from their homes. Even airplane or train tickets, hotel or theater reservations can also be done at home, just by pressing one button on the TV. With the increase in the number of working wives, this service will really be appreciated, because all these transactions can be done after the working day. A few random examples of this service are: (a) Commutive ticket reservations - package deals, (b) department stores mail order services, (c) bank, post office - finances in general, (d) credit card transactions - even loans, (e) business information detection and provision - stock prices - market exchange - documentations, etc., (f) education - private studies, (g) horse, car, boat - race information, and (h) even program loading for personal computers.

And with that, I would like to end my brief report, here, but before I do, I thank you all for your kind attention.

Thank you!

Chart #9: Expected Services

Order	Category	Service Provided	User
1	Bank Post Office	Account Balance Money Transfers Automatic Payments Up-date Bank Book Loan Calculations	Businesses Homes
2	Reservations	Seating Airplane Time-table Guide	Businesses Homes
3	Sleeping Reservations	Hotel Reservations Vacancy Confirmation	Businesses Homes
4	Stocks	Prices	Businesses Homes
5	Insurance	Policies Contracts Fees	Businesses Homes
6	Credit	Card Usage Explanation Card & Loan Applications Credit Accounts	Businesses Homes
7	Exchange Market	Market Information	Businesses
8	Mail Orders	Home Shopping	Homes
9	Distribution	Inventory Orders Sales Distribution	Businesses
10	Real Estate	Real Estate Information	Businesses Homes
11	Education	Exam Information School Selection Guide Educational Information	Businesses Homes
12	Horse Races	Ticket Purchasing Odds	Homes
13	Specialized Information	Judicial Documental Medical/Medicinal Articulate	Businesses
14	General	Local Information (political included)	Businesses Homes
15	Industry & Related Information	Local Information	Businesses
16	Computer Center	Calculating Services Tele-Software	Homes Businesses
17	Message Transmissions	Mailbox	Homes Businesses

Barriers and Incentives for Electronic Text Communication in Japan

Seisuke Komatsuzaki, Tokyo

Introduction

About fifteen years ago, a forecast on the future of communication media was conducted at the Research Institute of Telecommunications and Economics in Japan. It is very interesting to notice that there was exceedingly underevaluated tendency for the development of electronic text communication in the forecast. Instead of appreciation of text communication, non-verbal communication was considered as the most important form of human communication in the 21st century. In other words, there was no discussion on the remarkable progress of the electronic text communication media at that time, such as vieotext and teletext.

It is true that no one knows the real future of the electronic text communication in Japan or Germany, even if various kinds of new media have been emerging successively. Despite expectations by those who are concerned, development of them will be influenced by so many different factors, such as cultural, socio-economical, industrial and institutional. There should be similarities and differences between two countries concerning above mentioned factors.

At previous meetings of this symposium, we have been talking about comparative anlaysis on informationization and development of telecommunication media in both countries from various viewpoints. Electronic text communication seems most suitable for this kind of discussion, because it is considered that text communication is generally used for instrumental purposes, so that comparison can be rather easier than others.

In this context, Japanese characteristics concerning electronic text communication are to be analysed, based upon experiences comparing with Western society.

1. Cultural Factors

Language system is certainly the core of the individual culture. And a written language, which is closely connected with text communication, is considered as an important part of language system. Since Japanese language system is using so many characters in daily life, for example, several thousands of Chinese characters, Hiragana and Katakana, both of them were coined from Chinese characters in Japan as phonetic symbols, besides alpha-numeric characters, learning of it has been one of the most difficult problems for Japanese younger generation.

To solve the problem, efforts have been repeated to decrease the number of Chinese characters to be taught at school after the war. However, these efforts have reflected again recently, and the pendulum has been swinging back to increase the number of characters for daily use. Telephoning has been getting more popular than writing letters in Japan, not only in younger generation but also older people, because it is much easier and much more economical to communicate with than writing letters.

Input of Japanese text by keyboards is really a tough job, which is to be overcome to develop the effective electronic text communication media. Emergence of a Japanese word processor several years ago was actually a great surprise for most of Japanese office workers and management. By introducing micro-electronic technologies, it can easily convert inputted Hiragana into Chinese characters. Now, Japanese word processors are rapidly disseminating into not only business offices, but also homes. However, there still remains difficult problem such as to handle homonyms. Pronouncing of Japanese words are much easier than most of Western languages, at the same time we are suffering from problems to identify the difference of homonyms by using different Chinese characters. Automatic conversion of inputted Hiragana into Chinese characters cannot solve these problems. Also, in voice recognition system, which is expected as one of the most promising future electronic text communication media, homonym problems cannot be overcome.

In addition to the complexity of characters in text

communication the Japanese written language has another kind of difficulties, such as vagueness to communicate and comparatively big difference in expression from spoken language. In some cases, for example, Japanese sentences omit subjects, when they are unnecessary or appropriate to do so.

Despite the remarkable development of Office Automation in recent days in Japan, significant barrier of written communication is still remaining in the Japanese society. It will take considerable amount of money and longer time to improve text communication by electronic technology, compared with Western countries.

On the contrary, the Japanese society has a remarkable cultural advantage for the development of electronic text communication. That is the Japanese people's intellectual curiosity. The Japanese have been exceedingly positive to accept innovations in communication media until now. popularization of higher education in Japan after the war also accelarate the tendency. Introduction of innovated text communication media into offices and homes has been actually experienced no confrontation with systematic opposition until now.

It should also be pointed out that long range and flexible career planning based on Japanese life-time employment system and well programmed retraining system have been contributing to maintain positive attitude of the Japanese people to accept innovation of electronic text communication media.

Considering cultural factors affecting text communication, it seems that electronic text is most suitable for instrumental communication to convey, mainly, shorter or simpler messages or data concerning business transactions or shopping.

2. Socio-Economic Factors

First, electronic text communication media need considerable space, broader than traditional media. It means that the future offices or homes will require broader space if they are to be equiped with efficient text media, a number of terminals. In the case of business offices, there should be few problems to accept such requirement, because it is directly connected with rationalization brought by electronic text communication. However, in the case of home, socio-economic factors usually are quite different. In Japan, space cost is most expensive, relatively higher than other industrialized countries, mainly because of narrowness of the land itself.

In the social experiments of electronic text communication media such as Tama CCIS, it was noticed that the location of terminals for text communication, like a facsimile or a printer, was the important problem for monitoring housewives, who were living in the Japanese apartment houses. Average Japanese young family could afford to live in four rooms apartment house, consisted of two bed rooms, a dining and a kitchen, all of them were full of furnitures and electric home appliances.

Even in coming years, it seems rather difficult to improve housing conditions in Japan, since previous efforts to decentralize cultural and socio-economic activities have been in vain. Therefore, it should be considered that all electronic communication media to be equiped in the Japanese housing conditions are to be designed compactly. In this context, the mini-fax (small sized and cheap facsimile terminal) developed by NTT is one of the most acceptable electronic communication media for the Japanese households.

Secondly, the future of electronic text communication media should be considered from the viewpoint of housewives. Most of social experiments show that participation by them to these experiments has been rather passive. Generally speaking, their attitude toward technological innovation has been traditionally conservative. They tend to stick traditional way of text communication, hesitating to use new media.

However, they have been changing their behavior in accordance with the progress of female social activities in these years. According to the recent statistics published by the government, more than half of housewives in the middle age has been out of their home to work in various forms. If the trend will continue in coming years, the attitude of housewives towards home use electronic text communication media will become more positive to rationalize their time-budgeting, or to save house keeping time to work out of home.

Electronic text communication has been recognized as an effective tool for "work at home" or "telecommuting," especially for professional housewives. Some of them, such as computer programmers, are now conducting their business by using electronic text media, staying at their homes.

Teleshopping, which is one of the most expected applications for electronic text communication for home use, has been included in the Captain System experiment. Also it is now becoming to be the most important feature in the model system experiment of the Information Network System (INS).

Third, the future of electronic communication media is

considered that it is closely related with coming of "the learning society." The Japanese people, who are now enjoying the longest life time in the world, and also are becoming to enjoy longer holidays, are looking for appropriate information media to get information concerning the lifelong learning. Naturally, exsisting electronic text communication media are not tailored to be used for such purposes, however, they can be developed to provide some of expected informations in the future.

3. Industrial Factors

There are two major aspects of industrial activities concerning electronic media development, The first one is related with manufacturing of terminals and systems. The second is concerned with provision of information and related services.

Japanese electronic manufacturing enterprises have been competing each other very severely, and succeeded to improve quality control and marketing activities to feed back rapidly changing customer needs. Furthermore, they are specialized not only in communication but also in computerization. In terms of hardware, the Japanese people can enjoy the high quality and well designed electronic text communication media.

They have been eagerly participating to social experiments of electronic text communication media, such as Tama CCIS and Captain System, to demonstrate benefits of new media.

It has been gradually understood in Japan, based upon experiences in the social experiments, that users of media tend to evaluate them not by separate measurement of utilities for hardware or software (e.g. information). They appreciate converged utility consisting of various elements. Therefore, balanced development of hardware and contents of information are indispensable for the development of electronic text communication media. For example, users of Captain System are satisfied not only by complete function of the terminal but also by superior quality of information provided by the system.

Concerning the second aspect, development of information services is not enough in Japan. There have been only a few data-bases to be provided to the public. It is an important task to be handled with that to establish large scale data-bases, not only for national interests but also for international balanced flow of information.

4. Institutional Factors

Development and dissemination of electronic text communication media are strongly connected with communication policy in each country. Under traditional policy, which sticks monopolistic regulations, developmetn of electronic media tends to be delayed compared with flexible and competitive circumstances.

Communication policy in Japan seems to take a new direction in 80's. That is more comprehensive, flexible and dynamic approach to promote the development of communication activities. Japanese government has been studying recent policy issues in these years, and decided to introduce competitive principle into electronic communication as much as possible.

As to electronic text communication, institutional stimulation is most essential, because there are so many problems to be overcome in this aspect, such as social experiments and standardization.

Social experiments are considered rather risky in case of innovative communication media, since people cannot understand actual utility easily. Espeically in provision of information services, it is usually difficult to provide excellent quality information without fee, so that under-evaluation for innovation of text communication may be brought

In case of standardization, there are also risks for the moderator. It is difficult to find out balance between benefit of standardization such as users' economy and demerit to disturb innovation.

In Western countries, governments have been maintaining exsisting communication and information orders, and Japanese approach has changed its direction. In coming years, there should be results for such policy alternatives.

Conclusion

As explained above, there are so many Japanese characteristics in development and dissemination of electronic communication media, compared with Western counterparts. It may be natural that there appears different tendencies in development of text communication media in Japan.

Electronic text communication is considered most suitable for instrumental communication, especially in business communication. Dissemination of new text meida into business offices has been going on, taking advantage of Japanese participatory approach.

On the other hand, application of electronic text communication for home market seems more difficult to be forecasted. It will take longer time to penetrate into home market for keyboard terminals, which is essential for text communication. Younger generation, which is getting more familiar with manipulation of keyboards, is expected to be the major promoter of innovation in text communication in Japanese homes.

Bildschirmtext- und Videotext-Begleitforschung in den Feldversuchen in der Bundesrepublik Deutschland

Jan Tonnemacher, Berlin

1. Vorbemerkung

In einem Vortrag von dreißig Minuten Dauer einen Überblick über die Begleitforschung in der Bundesrepublik Deutschland zu geben, stellt ein Unterfangen dar, das den Vortragenden zwingt, Probleme, Ziele und einzelne Ergebnisse der durchgeführten Untersuchungen auf eine Kurzfassung zu reduzieren. Erstmals seit die Kommission der Bundesregierung für den Ausbau des technischen Kommunikationssystems 1976 die Empfehlung für eine empirische Überprüfung des Bedarfs nach und der Akzeptanz von neuen Informations- und Kommunikationstechniken in großen Pilotprojekten ausgesprochen hatte, liegen nunmehr Ergebnisse solcher empirischer Arbeiten vor. Dabei handelt es sich um annähernd 50 Berichte und Zwischenberichte von insgesamt etwa zwölf Forschungsinstituten sowie mehreren einzelnen Wissenschaftlern. Die Untersuchungen zu den beiden von 1980 bis 1983 gelaufenen Feldversuchen für Btx in Berlin und in Düsseldorf waren schon vor Beginn der Versuche zwischen der Deutschen Bundespost und den beiden Landesregierungen gemäß deren Kompetenz aufgeteilt worden. Die Bundespost als Initiator und Betreiber dieses neuen Textkommunikationssystems vergab die Erforschung der Akzeptanz im Berliner Feldversuch an die Forschungsgruppe Kammerer, während der Senat von Berlin durch das "Btx-Erprobungsgesetz" zu einer eigenen Studie über die möglichen Auswirkungen von Bildschirmtext, insbesondere auf Arbeitsmarkt, Medien und Datenschutz, verpflichtet war. Diese wurde 1982/3 durch das Heinrich-Hertz-Institut in Zusammenarbeit mit der Forschungsgruppe Kammerer und der Socialdata GmbH durchgeführt.

Während in Berlin die Akzeptanz und die Auswirkungen von Btx also getrennt untersucht wurden, gab es im Düsseldorfer Feldversuch eine Art "joint venture" von Bundespost und Landesregierung, wobei mit verschiedenen Forschungsaufträgen an Institute und unter Beratung durch mehrere Wissenschaftler die Feststellung der Akzeptanz von Btx mit den Fragen nach den voraussichtlichen Auswirkungen verbunden wurde.

Die Begleitforschungsarbeiten sind vorerst abgeschlossen und die Ergebnisse sind publiziert, so daß eine erste vorsichtige Bilanz gezogen werden kann. Ich werde in meinem Vortrag vor allem über die Ergebnisse der Berliner Begleitforschung berichten, an der ich beteiligt wai, ebenso aber auch Ergebnisse der Berliner Akzeptanz-Untersuchung der Deutschen Bundespost sowie der Düsseldorfer Untersuchungen für einzelne besonders wichtige Aspekte einbeziehen.

2. Die Problematik der empirischen Arbeiten in den Modellversuchen

Während die empirischen Arbeiten der anderen Institute in Düsseldorf und in Berlin, mit denen vor allem die Akzeptanz der neuen Kommunikationstechnik geprüft werden sollte, über die gesamte Zeitdauer des Versuchs durchgeführt werden konnte, gab es für das Untersuchungsprogramm des Heinrich-Hertz-Instituts, mit dem "die sozialen, kulturellen und wirtschaftlichen Folgen zu untersuchen (waren), insbesondere die Auswirkungen auf den Arbeitsmarkt und den Medienbereich und die Probleme des Datenschutzes" (Bildschirmtext-Erprobungsgesetz) nur einen zeitlichen Spielraum von acht bis neun Monaten, da der Berliner Senat seinen gesetzlich fixierten Fahrplan zur Verabschiedung des Btx-Staatsvertrages einhalten mußte und der Auftrag erst relativ spät erteilt wurde. Kosten und zeitlicher Rahmen waren praktisch auf ein Drittel des ursprünglichen Angebots reduziert worden, während die gleichen Fragestellungen von drei kooperierenden Instituten mit durchaus unterschiedlichen Vorstellungen und Vorgehensweisen zu beantworten waren.

Dieses Dilemma schloß beispielsweise die Anwendung der klassischen Methode der Wirkungsforschung, eine Panel-Analyse, von vornherein aus (Bei einer Panel-Analyse werden über einen längeren Zeitraum hinweg eine Testgruppe mit Bildschirmtext-Anschluß mit einer nach Personenmerkmalen identischen Kontrollgruppe ohne entsprechenden Anschluß vergleichend auf Veränderungen beobachtet, die dann mit großer Wahrscheinlichkeit dem Wirkungsfaktor Bildschirmtext zugeschrieben werden können). Eine solche Panel-Analyse ist nur ansatzweise mit einer entsprechenden Null-Messung (mit der der status quo ante festzustellen ist, der vor Einführung des zu testenden Faktors herrschte) in Düsseldorf durchgeführt worden.

Neben diesem Zeit- und Kostenproblem ergab sich eine weitere Problematik daraus, daß der Feldversuch schon fast zwei Jahre gelaufen war, als die Arbeiten begannen. Es bestand also keinerlei Einflußmöglichkeit mehr auf auch nur eine Variable dieses Versuchs; Inhalte und Anbieter standen fest, die Versuchspersonen waren da, durch "Selbstrekrutierung" zusammengekommen und alles andere als repräsentativ, Nutzungsgewohnheiten und Einstellungen hatten sich etabliert und es hatte keine Null-Messung gegeben. Die Konsequenz für uns konnte, nachdem wir uns entschieden hatten, die Herausforderung anzunehmen, in einem so kurzen Zeitraum mit so geringen Mitteln eine Technikfolgenabschätzung durchzuführen, nur darin bestehen, die empirischen Ergebnisse einzubeziehen, selbst auch kleinere Erhebungen im Feld sowie Gruppendiskussionen mit Anbietern und Teilnehmern durchzuführen, das Hauptgewicht aber auf die Anwendung analytisch-prognostischer Methoden zu legen.

Auf die ausführliche Darstellung dieser Problematik war Wert zu legen, da sie auch die Erwartungen an die Ergebnisse begrenzen muß, denn unter solchen Umständen durch empirische Arbeiten zu Aussagen zu kommen, die den Kriterien der Zuverlässigkeit, der Gültigkeit und der Wiederholbarkeit genügen, war schlechterdings nicht möglich. Durch die Einbeziehung und analytische Umsetzung der technischen, ökonomischen und gesellschaftlichen Vorausschätzungen geht zweifellos ein spekulatives Element in die Ergebnisse ein, das jedoch nicht gravierender sein muß als bei Prozent-Ergebnissen aus Befragungen in Feldversuchen, die zwar Exaktheit suggerieren aber dennoch nur geringe Schlüsse auf die spätere reale Situation zulassen. Andererseits halten wir für einen wesentlichen Vorzug dieser Vorgehensweise, daß empirische Ergebnisse aus einem noch relativ unzulänglichen Feldversuch auf ihre Plausibilität hin überprüft werden konnten.

3. Hauptergebnisse der verschiedenen Begleitforschungsarbeiten

Ich kann sicherlich für alle an der Begleitforschung beteiligten Personen und Institutionen sprechen, wenn ich folgende unabhängig voneinander herausgefundenen Hauptergebnisse zusammengefaßt darstelle:

(1) Sehr stark verkürzt lassen sich folgende Gemeinsamkeiten aus den Akzeptanz-Untersuchungen darstellen: Gemäß der zunächst angenommenen wesentlichen Bedeutung von Btx als Informationsmedium für die privaten Haushalte stand deren Nutzung im Vergleich zur betrieblichen Nutzung zu stark im Vordergrund. Die Akzeptanz war im großen und ganzen gut, wenn auch eine Aussage, wie zum Beispiel

die, daß 87 % der privaten Nutzer auch nach dem Versuch Btx-Teilnehmer bleiben wollen, wegen deren Technik-Freundlichkeit und wegen des Fehlens einer Nachfrage ("Zu welchen Kosten?") wenig aussagekräftig ist. Kritik wurde durchaus geäußert, und zwar vor allem an den Inhalten, am komplizierten Informationszugriff und an der Blockade des Telefons. Genutzt wurde Btx in Berlin im Durchschnitt eineinhalb-, und in Düsseldorf etwa eine Stunde pro Woche; abgerufen wurden vor allem Nachrichten und Informationen über Waren und Dienstleistungen sowie sonstigen der "Alltagsbewältigung" dienenden Dienstleistungen. Für Unterhaltungszwecke wurde Btx nur in geringem Maße genutzt, und ebenso überwog der reine Abruf die interaktive Nutzung bei weitem. Um es noch einmal deutlich zu sagen: All diese Ergebnisse hätten bei einer anderen Teilnehmerschaft und anderen Inhalten völlig anders ausfallen können.

(2) Bildschirmtext ist kaum als Massenmedium anzusprechen sondern stellt zu allererst ein Medium der Geschäftskommunikation dar, das in den ersten 5 bis 7 Jahren seiner Einführung auch primär im betrieblichen und nur zu geringen Anteilen im privaten Bereich genutzt wird. Im Bereich der betrieblichen Nutzung wird Btx jedoch auch in diesem Zeitraum schon erhebliche Bedeutung erlangen und sowohl für die interne als auch für die externe Kommunikation - zunächst mit Geschäftspartnern und später auch mit Privatkunden - verwendet werden.

(3) In den Feldversuchen selbst waren unter den Teilnehmern Personen mit höherem Einkommen und höherem formalen Bildungsgrad sowie einer ausgeprägten Technikakzeptanz wesentlich überdurchschnittlich vertreten. Dennoch war festzustellen, daß die Nutzungshäufigkeit und Nutzungsdauer nach einer Anfangsphase mit stärkerer Nutzung sich

auf ein relativ geringes Niveau abschwächte. Dies mag daran gelegen haben, daß die inhaltlichen Angebote aufgrund des Testcharakters einfach noch zu wenig attraktiv gewesen sind.

(4) Von den privaten Nutzern wurde Btx in erster Linie als Medium zur Rationalisierung des Alltags benutzt. Vielfach genutzt wurden auch die aktuellen Nachrichten, die ebenfalls hierzu gezählt werden können, da "Informiertheit" auch zur "Alltagsbewältigung" gehört.

(5) Angesichts einer prognostizierten und auch von der Deutschen Bundespost erwarteten relativ langsamen Ausbreitung von Btx in den privaten Haushalten im laufenden Jahrzehnt gehen die Begleitforscher allgemein davon aus, daß die Auswirkungen der Einführung des neuen Kommunikationssystems in Wirtschaft und Gesellschaft sich in diesem Zeitraum noch sehr in Grenzen halten werden.

(6) Regelungsbedarf für die technischen und organisatorischen Bedingungen des Systems wurde vor allem in folgenden Punkten gesehen: Bedienerfreundliche Gestaltung des Systems, Förderung nicht gewinnorientierter Anbieter, Einführungspolitik unter Wahrung des Anspruchs auf Chancengleichheit (z.B. für strukturschwächere Gebiete, Klein- und Mittelbetriebe, sozial schwächer gestellte Bevölkerungsschichten oder Verbraucher) und effizienten und bildschirmtext-spezifischen Regelungen für den Datenschutz.

(7) Einig waren sich die Begleitforscher schließlich auch über die Tatsache, daß Bildschirmtext im gegenwärtigen Stadium der Bedeutungszunahme der elektronischen Daten-

verarbeitung und eines allgemeinen Trends zur Informatisierung der Gesellschaft nur den "Einstieg" in die Nutzung dieser Gegebenheiten durch die privaten Haushalte darstellen wird. Im Kontext der Gesamtentwicklung der Informationstechnik stellt Btx somit eine relativ kleine Größe dar, die jedoch keineswegs in ihren Auswirkungen allein an makroökonomischen Effekten gemessen werden kann, denn da würden prozentual nur geringe Impulse und Auswirkungen festzustellen sein, die aber in der Aufsummierung schon substantielle Größenordnungen erreichen werden.

(8) Ziemlich einhellig gehen die Begleitforscher auch davon aus, daß kurzfristig durch Bildschirmtext Arbeitsplätze geschaffen werden, rechnen aber für den längeren Zeitraum und bei wachsender Verbreitung damit, daß durch Nutzung des Potentials, das Btx für die betriebliche Rationalisierung bietet, Arbeitsplatzverluste entstehen werden. Kein Institut hat sich allerdings in der Lage gesehen, diese Erwartung in Zahlen auszudrücken.

4. Ergebnisse der wissenschaftlichen Begleituntersuchung über die Auswirkungen von Btx in Berlin

Ziel der wissenschaftlichen Begleituntersuchung in Berlin durch das Heinrich-Hertz-Institut war also, nachdem die weitgehend positive Beurteilung des Systems durch Anbieter und Nutzer in den Akzeptanzuntersuchungen festgestellt war, die absehbaren Folgen einer Einführung von Btx auf verschiedene Bereiche von Wirtschaft und Gesellschaft abzuschätzen. Die Frage des "ob" einer Einführung stand praktisch nicht mehr zur Debatte, nachdem die Grundsatzentscheidung über die Einführung von Seiten der Bundesregierung schon 1981 gefallen war, so daß es mehr oder weniger nur noch um das "wie" der Einführung ging.

Gearbeitet wurde mit Teilnehmer-Umfragen in Interview-Form, Gruppendiskussionen, Fachgesprächen mit Experten und einer Umfrage unter Medien-Vertretern. Ergebnisse wurden dann im analytisch-prognostischen Teil auf Plausibilität und Konsistenz geprüft sowie mit den technisch-ökonomisch-sozialen Projektionen in Verbindung gebracht. Erst aus dieser Gegenüberstellung ergaben sich die eigentlichen (und natürlich meist qualitativen) Folgenabschätzungen, und Btx wurde dadurch nicht isoliert sondern im Kontext der gesamten informationstechnischen Entwicklung betrachtet.

Soziale und kulturelle Auswirkungen

Nutzungsschwerpunkte lagen im Berliner Feldversuch einerseits bei Informationen über Waren- und Dienstleistungsangebote, bei der Abwicklung von Alltagsverrichtungen sowie bei aktuellen Nachrichten. Der Unterhaltungswert von Btx wurde als gering eingeschätzt, was sich angesichts der fehlenden Faszination des Bildes auch kaum ändern dürfte. Hieraus sind also kaum größere Auswirkungen im kulturellen Bereich zu erwarten; allerdings kann bei wachsender Verbreitung mit erheblichen sozialen Auswirkungen gerechnet werden, die mit dem Schlagwort "Technisierung - und im Gefolge: Entpersonalisierung - der Alltagsbewältigung" nur angesprochen werden können. Eine mögliche Substitution von personalen Kontakten wäre die Folge, von der dann isolationsgefährdete Gruppen besonders betroffen wären. Andererseits ist Btx als Hilfe für Menschen mit körperlichen Behinderungen denkbar und wird gern als Informationsquelle für kulturelle Ereignisse genutzt.

Auswirkungen auf Massenmedien

Massenmedien sind bis heute Distributionsmedien, während Btx ein dialogfähiges elektronisches Kommunikationssystem darstellt, bei dem der Nutzer "aktiv" auswählen muß, eine individuelle Kommunikatiosnverbindung aufbaut und die entsprechende Botschaft zeitgleich nur ihm zugestellt wird. Das erfordert ein im Vergleich zu Massenmedien völlig neues Nutzerverhalten. Vergleicht man die Nutzung von Btx mit der Häufigkeit und Dauer, mit der man sich täglich aus anderen Medien informiert, dann fällt die Btx-Nutzung kaum ins Gewicht: 10 bis 15 Minuten gesamte Btx-Nutzung im Durchschnitt pro Tag (in Düsseldorf sogar noch weniger) gegenüber gut 2 Stunden TV, mehr als 2 Std. Radio und einer halben Stunde Zeitunglesen. Falsch wäre aber der Schluß, Btx sei also kein Informationsmedium, denn dieser Dienst wird wegen der Arbeitsteilung im Medienbereich letztlich nur dort Anwendung finden, wo er sich durch seine komparativen Vorzüge besonders eignet. Insgesamt ergibt sich aus der Nutzung der publizistischen Angebote der Eindruck, daß Btx in seiner bisherigen Form und mit seinen heutigen Inhalten allenfalls als Ergänzung bzw. nur als Erweiterung zu den traditionellen Massenmedien gebraucht wird. Der Nutzer bemerkt allerdings, daß die Angebote des Medienbereichs in Btx um bisher nur schwer oder unbefriedigend zu erreichende Informationen erweitert werden.

Dennoch: Die etablierten Medien haben hier die Plätze besetzt (16 % der Anbieter sind Verlage, die aber 27 % der Dienste editieren), und newcomer müssen sich erst noch durchsetzen. Eine Existenzbedrohung für Zeitungsverlage ist nicht absehbar, allenfalls eine erneute Verschärfung des Wettbewerbs zwischen Großen und Kleinen.

Für die einzelnen Medienkategorien haben die analytisch-prognostischen Abschätzungen der Auswirkungen von Btx zusammengefaßt folgendes ergeben:
Substituierende Konkurrenzbeziehungen von Btx zur Tagespresse sind nicht zu erwarten, aber ökonomische Auswirkungen wird es vor allem im Werbebereich geben (lokaler Einzelhan-

del und Kleinanzeigen, die zusammengenommen den größten Anteil der Werbeeinnahmen der Zeitungsverlage ausmachen). Hier kann sich das Anzeigenvolumen in Tageszeitungen durch die Nutzung von Btx (immer eine entsprechende Verbreitung vorausgesetzt) verringern. Ob die Verlage hiervon betroffen sind, ist aber eher unwahrscheinlich, denn sie eröffnen sich durch das neue Sytem einen neuen Vertriebsweg. Btx kann ferner zu einem erneuten Ansteigen der Pressekonzentration beitragen, da kleinere Anbieter am Ort und Newcomer im Pressebereich nicht unbedingt Vorteile haben werden, sondern im Gegenteil die Großverlage die entsprechenden Marktpositionen und Aufmerksamkeitswerte schon auf sich gezogen haben werden. Wie will unter später 50.000 Anbietern der unbekanntere Verlag auf sich aufmerkam machen, und welche Veranlassung hätte eine Werbeagentur, mehrere werbetragende Institutionen in einem einzigen System "zu belegen", was er bisher vielleicht bei Zeitungen wegen der unterschiedlichen Nutzer noch mußte? Dennoch wird Raum für spezialisierte Angebote kleinerer Btx-Anbieter auch mit medialen Inhalten verbleiben.

Im Bereich der Fachpresse sind - teilweise durch neue Anbieter - stärkere Wettbewerbsauswirkungen zu erwarten als bei der Tagespresse. Andererseits bietet Btx aber den Fachzeitschriften auch bessere Wettbewerbsmöglichkeiten im Vergleich zu anderen Anbietern von Fachinformationen. Btx kann in diesem Bereich besonders gut eine Ergänzung zu den Printmedien darstellen.

Publikumszeitschriften werden wegen ihres Unterhaltungscharakters und der Bedeutung des Bildes in ihrem inhaltlichen Angebot durch Bildschirmtext ebenso wie der Rundfunk wenig beeinflußt. Die Publikumszeitschriftenverlage werden Btx wie bisher somit nur als Diversifikationsmöglichkeit nutzen, so daß Btx hier nicht einmal als Ergänzungmedium, sondern nur als eine Erweiterung der Verlagsaktivitäten anzusehen ist.

Wegen der doch sehr unterschiedlichen Eigenschaften und Inhalte sind mit Ausnahme der Konkurrenz zum Videotext der Rundfunkanstalten im Bereich der tagesaktuellen Information keine Wettbewerbsauswirkungen zu erwarten, wenn man einmal von der Tatsache absieht, daß die Nutzung noch auf dem gleichen Empfangsgerät und teilweise auch zur gleichen Zeit stattfindet.

Geschäftskommunikation

Bereits aus der heutigen Nutzung ist zu erkennen, daß in diesem Bereich das eigentliche Zusatzpotential von Btx liegt, zunächst für die "inhouse-Kommunikation" und für Geschäftskunden und später mit privaten Kunden. Als relativ kostengünstige und leicht zu handhabende Kommunikationstechnik mit internationaler Standardisierung und Zugriffsmöglichkeiten zu externen Datenbanken kann der Bildschirmtext von Klein- und Mittelbetrieben genutzt werden, so daß zumindest potentiell die Chance für Wettbewerbsverbesserungen und Stärkung der Marktposition kleinerer Unternehmen gegeben ist. Es wird allerdings auch gesehen, daß Großunternehmen durch sicherlich stärkere Anwendung (und daher auch Wirkung) von Btx bei Rationalisierungsmaßnahmen wieder Vorteile haben werden. Der wesentliche Vorzug von Btx in der betriebsinternen Kommunikation liegt in der Tatsache, daß externe wie interne Information über Btx in einer für betriebsinterne EDV-Anlagen weiterverarbeitbaren Form anfallen. Der Arbeitsvorgang der Informationserfassung ist dabei bereits erledigt und wird bei entsprechender Btx-Verbreitung zum großen Teil sogar vom Kunden übernommen. Produktions- und Abwicklungsvorgänge lassen sich automatisch steuern, bei Anschluß von intelligenten Endgeräten können diese Möglichkeiten erheblich erweitert werden.

Denkbar ist ferner das Entstehen von Heimarbeitsplätzen durch Auslagerung von (z.B) standardisierbaren Tätigkeiten der Texteingabe.

Auswirkungen auf Wirtschaft und Beschäftigung

Es wurden die Wirtschaftbereiche und Tätigkeiten untersucht, in denen signifikante Btx-Auswirkungen auf Betriebe und Beschäftigung zu erwarten sind. Dies sind vor allem die Branchen: Handel, Banken, Versicherungen, Touristik und Verkehr. Im Sinne der Eingangsfeststellungen werden die Wirkungen von Btx auch hier im Vergleich zu denen anderer technischer und ökonomischer Entwicklungen zunächst begrenzt bleiben, und Btx hat teilweise Auslöser- oder auch Trendverstärker-Funktionen, die sich sowohl in besseren Wettbewerbsvoraussetzungen für kleinere Unternehmen als auch andererseits in einer Förderung von Konzentrationstendenzen manifestieren können. Die Hauptwirkung von Btx wird in jedem Falle von dem rationalisierenden Einsatz der neuen Kommunikationstechnik ausgehen, der langfristig per Saldo Arbeitsplätze kosten wird.

Schlußbemerkung

Es konnte hier nur ein recht grober Überblick über die Ergebnisse der durchgeführten Technikfolgenabschätzung gegeben werden, die zwar zumeist Schätzwerte darstellen, aber auf empirischen und analytisch-prognostischen Erkenntnissen begründet aufgebaut sind. Als positives Fazit gilt, daß von der neuen Kommunikationstechnik Btx erhebliche innovatorische Anstöße im Bereich der betrieblichen Kommunikation aber auch interessanten Anwendungsmöglichkeiten für private Nutzung ausgehen werden, denen auf der Negativ-Seite jedoch vor allem Arbeitsplatzverluste und datenrechtliche Probleme gegenüberstehen werden. Die Akzeptanz des neuen Kommunikationssystems ist in den Feldversuchen zweifellos positiv gewesen, obwohl das inhaltliche Angebot noch zu wünschen übrig läßt. Für die tatsächliche Realisierungsphase werden sich bei den inzwischen bekanntgegebenen Kosten die Anbieter um mehr und qualitativere Angebote bemühen (müssen), wenn Privathaushalte sich aus anderen Motiven als aus Interesse an Neuigkeiten zu einem Anschluß entschließen sollen.

Mein persönliches Fazit: Über die Größe des Feldversuchs zu richten, ist schwierig: 3.000 Teilnehmer haben für eine Repräsentanz nicht gereicht, vielleicht wären kleinere Versuche ausreichend gewesen. In jedem Fall muß aber eine Absicherung der empirischen Daten erfolgen. Was unbedingt verbessert werden müßte (z.B. bei den Kabel-Pilotprojekten), ist die Kooperation der Forscher untereinander.

Die sozial- und wirtschaftwissenschaftliche Begleitforschung hat zweifellos dazu beigetragen, daß verschiedene Probleme sichtbar wurden und entsprechende Bedingungen organisatorischer oder rechtlicher Art eingebaut worden sind, und sie hat insofern - so meine ich - ihre Feuerprobe bestanden. Dennoch sollte auch die Einführungsphase weiterhin beobachtet werden, denn erst in ihr werden sich wirklich valide Erkenntnisse über Akzeptanz und Auswirkungen ergeben, die dann nicht mehr Test sondern Realität sind.

5. Erste Ergebnisse des Videotext-Feldversuchs

Abschließend soll kurz über den Videotext-Feldversuch gesprochen werden, der von 1980 bis 1984 läuft und an den inzwischen mehr als 300.000 Teilnehmer angeschlossen sind. In der Videotext-Begleitforschung, die wie der Versuch selbst von den Rundfunkanstalten durchgeführt wird, wurden bisher nur kleinere Experimentalbefragungen mit Intensivinterviews und Telefon-Umfragen durchgeführt. Bei der Nutzerschaft zeigt sich das gleiche Bild wie beim Btx: Die Teilnehmer sind im Durchschnitt besser ausgebildet und sind Angehörige sozial höher bewerteter Berufsgruppen. Nutzungsschwerpunkte sind eindeutig aktuelle Nachrichten und Informationen über das Fernsehprogrammangebot des Abends, gefolgt von Wetter-, Verkehrs- und Lotto-Informationen.

Die Beurteilung ist wie beim Btx insgesamt recht positiv. Kritisiert werden die relativ langen Wartezeiten und die quantitativen Beschränkungen des inhaltlichen Angebots. Als Besonderheit wurde eine Umfrage unter 859 Hörbehinderten durchgeführt, die die Videotext-Untertitelungen nutzen. Dieser Service wird erwartungsgemäß sehr positiv beurteilt, und man wünscht sich häufigere Untertitelungen von Fernsehsendungen. Diesem Wunsch kann wohl aus Kostengründen nur teilweise stattgegeben werden. Immerhin soll aber vom nächsten Jahr an die Haupt-Nachrichtensendung untertitelt werden.

Die Auswirkungen von Videotext werden sich aufgrund dieser Einschränkungen in noch engeren Grenzen halten als die des Bildschirmtexts. Der Videotext sollte jedoch nach anfänglicher Überschätzung jetzt nicht unterschätzt werden, denn einer seiner Hauptvorteile gegenüber Btx kommt nunmehr deutlich zum Vorschein: die geringen Kosten. Videotext kostet nichts bzw. ist in der Rundfunkgebühr enthalten, und nur für den Decoder ist ein - auch wesentlich geringerer -Preis zu entrichten als für den Btx-Decoder.

Research accompanying the Field Tests of Bildschirmtext and Videotext in the Federal Republic of Germany

Jan Tonnemacher, Berlin

So far empirical research work to accompany the introduction of new information and communications technologies has been carried out in the Federal Republic of Germany only in regard to the field tests with Bildschirmtext (Btx) and the nationwide trial run of the German teletext system known as Videotext. The concomitant research into the two Btx tests in Berlin and Düsseldorf from 1980 to 1983 was divided up before commencement between the Federal Postal Administration and the Governments of the two Länder concerned according to their respective areas of responsibility. As initiator and operator of the new telecommunications system, the Federal Postal Administration commissioned the Kammerer Research Team to conduct research into the acceptance of the new service during the Berlin field test. In contrast, in virtue of legislation it had passed, the Senate of Berlin was itself obliged to carry out a study into the possible effects of Btx, in particular on the labour market, the media and data privacy protection. This study was then made during 1982/3 by the Heinrich-Hertz-Institut in co-operation with the Kammerer Research Team and Socialdata GmbH.

Accordingly, acceptance and effects of Btx were investigated separtely in Berlin. In the Düsseldorf field test there was a sort of "joint venture" between the Federal Postal Administration and the Government of the Land. Here the acceptance of Btx and questions concerning possible effects were combined in research projects carried out by various institutes with a number of professors acting as consultants.

Meanwhile, the concomitant research has been terminated for the time being and the findings published, so that a first cautious appraisal may now be attempted. Since the author participated in the Berlin research, its findings will be treated first and foremost. However, an overview of some particularly important aspects of the Düsseldorf investigations will also be given.

These comments on the results of the Btx research will be complemented by a brief look at the experiences made in the course of various experiments conducted within the framework of the trial run of Videotext which is still in progress.

Auswirkungen auf den Reisesektor

Falk von Bornstaedt, Sankt Augustin

1. Problemstellung

In der Bundesrepublik Deutschland gibt es etwa 20.000 Reisevertriebsstellen, die zu ca. 90% mittelständisch strukturiert sind, d.h. daß diese Betriebe juristisch und wirtschaftlich selbständig sind und keine Verflechtungen zu größeren Unternehmen vorliegen. Rund 15000 betreiben die Reisevermittlung nur im Nebenerwerb, wie z.B. Toto-Annahmestellen. Die Zahl der Haupterwerbsreisebüros liegt bei etwa 5600, etwa 3/4 davon könnte man als mittelständisch bezeichnen.

Der Jahresumsatz der deutschen Reisebüros beträgt rund 15 Milliarden DM. Er kommt zu 63 % aus dem Touristikgeschäft, zu 23 % aus dem Flug- und zu 7,5 % aus dem Bahngeschäft, der Rest sind sonstige Umsätze. Schlüsselt man den Umsatz kundenorientiert auf, so kommen 78 % aus dem privaten Reiseverkehr und 22 % von Geschäftsreisenden.

Ein großer Teil des Reiseumsatzes wird ohne die Reisebüros abgewickelt: Nur 4 % der rund 20 Millionen Individualreisenden und 82 % der rund 7,1 Millionen Veranstalterreisenden kaufen im Reisebüro. Im Geschäftsreiseverkehr buchen dagegen etwa 70 % im Reisebüro.

Betrachtet man die Struktur der Aufwendungen in Reisebüros, fällt die Höhe der Personalkosten mit rund 60% auf. Der zweitwichtigste Posten sind die Mieten mit rund 7%, dann kommen die Postgebühren mit 6%, das ist erheblich mehr als in anderen Branchen und enthält noch nicht die Mieten für Reservierungssysteme.

2. START
Beispiel für ein branchenspezifisch spezialisiertes Informations- und Kommunikationssystem

2.1. Entstehung und Leistung des START-Systems

Um die sich abzeichnende Entwicklung verschiedener paralleler Endgeräte im Reisebüro zu verhindern, wurde schon ab 1971 START als integriertes System entwickelt, 1979 wurde es in Betrieb genommen.

Hauptgesellschafter von START sind mit je 25% die Deutsche Bundesbahn, die Deutsche Lufthansa und die Touristik Union International (TUI). Entsprechend sind Hauptfunktionen des Systems Platzbuchungen bei der Eisenbahn (auch ins Ausland), Flugauskunft und Reservierung sowie Reiseauskunft und Reservierung bei der TUI. Darüber hinaus gibt es einen Reisebüromodus für Abrechnungen, Finanzbuchhaltung und Marketing (Kundenkartei) und einen Schulungsmodus, sowie ein Zugriff auf eine Reiseversicherung. Geplant sind Hotelgutscheine, Vakanzdarstellung für DER-ABC-Flüge, Kreditkartenprüfung, Rücknahme von Bundesbahn-Fahrausweisen und Darstellungsmöglichkeit von Bildschirmtext-Seiten ohne Farbe auf dem Datensichtgerät. Inzwischen sind an START über 2100 Datensichtgeräte in ca. 1460 Betriebsstellen und ca. 1930 Drucker angeschlossen.

Auffallend ist der hohe Anteil öffentlicher Unternehmen an den START-Gesellschaftern. Die Entwicklungskosten von START wurden mit 6,15 Millionen DM staatlich gefördert, das sind etwa 1/3 der gesamten Entwicklungskosten. Bei der Vergabe der Fördermittel hätte man wohl mehr darauf achten sollen, daß START eine größere Zahl von Leistungsträgern aufnimmt.

2.2. Kosten und Finanzierung des START-Systems

START hatte zunächst einen Einheitstarif für die Reisebüros, jetzt gibt es Staffelmieten in einer Art Baukastensystem. Das volle Leistungspaket kostet 1643,- DM monatlich (ohne Mehrwertsteuer), das billigste Segment ist das der Touristik Union International (TUI) mit monatlich 583,- DM. Dieses "Sonderangebot" für TUI ist wohl schon eine erste Auswirkung der Konkurrenz von Bildschirmtext. Trotz des für die TUI günstigen Terminalpreises sind immer noch rund 1000 TUI-Agenturen ohne Datensichtgerät. Für Herbst 1984/ Anfang 1985 ist deshalb ein Informationssystem über Bildschirmtext für Reisebüros in einer geschlossenen Benutzergruppe angekündigt.

Die Aufwendungen von START entstanden zu 30,7 % durch Mietzahlungen für Terminals, 31,5% mußten für Netzknoten (incl. Raummiete) und Postgebühren und 37,8 % für den Aufwand der START-Zentrale aufgebracht werden. Die Erträge von START kommen zu 66% von den Reisebüros, den Rest übernehmen weitgehend die Leistungsträger. Bezieht man die Kosten von START auf die Anzahl der Buchungen, so ergeben sich im Schnitt rund 5 DM.

2.3. Beurteilung aus Teilnehmersicht

START ermöglichte den Reisebüros eine deutliche Verbesserung des Service. Es verringert die Zeit pro Buchung und erlaubt deshalb bei genügender Nachfrage eine Erhöhung der Buchungen pro Expedient. Vorteilhaft ist weiterhin eine Ausschaltung von Fehlerquellen in Beratung, Reservierung, Berechnung, Ausstellung und Buchung. Schriftliche und telefonische Mitteilungen und Rückfragen werden erheblich reduziert, dadurch lassen sich viele Dinge in einem Arbeitsgang erledigen, wo sonst eine mehrmalige Bearbeitung mit immer wieder neuer Einarbeitungszeit notwendig war.

Verluste an Arbeitsplätzen bei Reisemittlern können nicht direkt nachgewiesen werden, der Produktivitätszuwachs wurde vor allem in einem besseren Service an die Kunden weitergegeben. Wahrscheinlich sind jedoch Arbeitsplätze in den Vertriebsbüros der Leistungsträger weggefallen.

Die START-GmbH hat selbst die Veränderung der Telefon- und Telexkosten durch das START-System untersucht, die Angaben sind nicht repräsentativ, da sie auf 103 anonymen Fragebogen beruhen. Es ergab sich ein durchschnittlicher Rückgang der Telefon- und Fernschreibkosten um 20% von 1979 (vor START) auf 1981 (mit START). Mit diesen Einsparungen konnten rund 40% der Terminalmieten abgedeckt werden. In der gleichen Zeit stiegen die Durchschnitts-Umsätze der Reisebüros um 17,4%.

Nach einer Arbeitszeitmessung von START im Firmengeschäft hat die Erledigung eines durchschnittlichen Kundenauftrages im IATA-Geschäft (Flugplan-Information, Reservieren, Ausstellen des Tickets und Schreiben der Rechnung) vor der Einführung von START 8,8 Minuten benötigt, heute sei dies in 3,5 Minuten erledigt.

Für die Mitarbeiter der Reisebüros bedeutete START ein Umlernen, für das sie aufgrund der frühzeitigen Information über die Veränderung des Arbeitsplatzes und der angebotenen Schulungen genügend Zeit hatten. Positiv für die Reisemittler wirkte sich auch die Verbesserung ihres Berufsbildes aus.

3. Bildschirmtext - universelles Informations- und Kommunikationsinstrument im Reisesektor

3.1. Bildschirmtext/START: Ergänzung oder Alternative ?

Bildschirmtext ist im Gegensatz zu START als universelles - d.h. weltweites - Informations- und Kommunikationssystem angelegt und nicht den spezifischen Bedürfnissen der Reisemittler angepaßt. Dennoch werden aber bei entsprechender Nachfrage auch Funktionen des START-Systems auch über Bildschirmtext angeboten werden, wie z.B. Betriebsabrechnungen und vielleicht auch Ticketdruck. Eine vergleichende Übersicht soll die folgende Tabelle geben:

Vergleich von START und Bildschirmtext

	START	Bildschirmtext
Übertragung	Standleitung (schnell)	Wählleitung (langsam)
Darstellung	einfarbiger Text	farbiger Text Grafik
Kosten	fix, abgestuft entfernungs-unabhängig	nutzungsabhängig entfernungs-unabhängig
fixe Kosten	hoch	gering
variable Kosten	gering	vorwiegend
Zugang	nur mit Lizenz	offen bis auf geschlossene Benutzergruppen
Verfügbarkeit	8 bis 19 Uhr	23-24 Stunden
Leistungsumfang für Reisebüros	Lufthansa, TUI Bundesbahn	NUR TUI geplant
international kompatibel	nein	CEPT-Standard
Ticketdruck	möglich	noch nicht möglich
Zugang für Firmenreisestellen	noch nicht	wahrscheinlich
Schulungsmodus	vorhanden	noch nicht vorh.

Ausländische Fluggesellschaften waren bisher im Vertrieb von Flügen über START benachteiligt, da die Lufthansa als nationale Fluggesellschaft und Gesellschafter von START einen Vorsprung in der Angebotsdarstellung genoß. In Bildschirmtext werden nun aber alle Fluggesellschaften gleichberechtigt vertreten sein. Wenn nun beispielsweise die PANAM Direktbuchungen über Bildschirmtext anbietet, wird die Lufthansa aus Wettbewerbsgründen kaum zurückbleiben können, so gut die bisherige Zusammenarbeit mit den Reisebüros auch gewesen sein mag. Insbesondere in den Firmenreisestellen besteht ein großes Interesse an Direktbuchungsmöglichkeiten, ein Zugang zu START wurde ihnen bisher verwehrt. Möglicherweise wird auch hier die Lufthansa durch Bildschirmtext in Zugzwang geraten, START für die Firmenreisestellen zu öffnen.

Auch im Bereich der Reiseveranstalter wird Bildschirmtext eine neue Lage schaffen: Bisher konnte man über START nur die TUI als einzigen Veranstalter buchen. (Marktanteil der TUI ca. 27% am Veranstaltermarkt) Aus wettbewerbspolitischer Sicht ist es zu begrüßen, wenn durch die Einführung des Bildschirmtextes auch kleinere Reiseveranstalter in die Lage versetzt werden, ein elektronisches Buchungs- und Reservierungssystem zu benutzen.

Im Bereich der Reisebüros kann etwa die Hälfte des Umsatzes nicht über START abgewickelt werden. START hat sich in letzter Zeit bemüht, neue Leistungsträger mit aufzunehmen (Club Mediterranee, Hetzel, Ruoff, Wolters und ADAC). In keinem dieser Fälle kam es jedoch zu einem Vertragsabschluß, vermutlich weill die von START verlangte "Eintrittsgebühr" angesichts von Bildschirmtext zu hoch erschien.

Wegen der hohen Kosten sind kleinere Reisebüros nicht in der Lage, das System zu nutzen. Der hohe Preis und die zu geringe Nutzerzahl bedingen sich gegenseitig. Darüber hinaus hat auch die Politik eines 'closed shop' durch die START-Gesellschafter zu dieser Situation geführt. Die jetzige Öffnung kommt wohl zu spät, um noch eine entscheidende Wende herbeizuführen. Trotz aller Kritik an START darf aber nicht übersehen werden, daß es das größte System seiner Art in der Welt darstellt und alle Buchungssysteme über Bildschirmtext in ihrer Leistungsfähigkeit noch weit hinter START zurückstehen.

3.2 Erfahrungen im Reisesektor mit Bildschirmtext

Die Erfahrungen bei den Feldversuchen lassen nur begrenzte Schlußfolgerungen zu, weil die geringe Teilnehmerzahl viele Dienste erst gar nicht lohnend werden ließ. Insbesondere mittelständische Reisebüros wollten und konnten die mit der Erprobung einhergehenden Kosten nicht tragen.

Den Rechnerverbund erprobte zuerst die TUI, die sogar einen eigenen Veranstalter hierfür schuf, die "teletours". Die Buchungsmöglichkeit im Rechnerverbund steht allerdings zur Zeit nicht mehr zur Verfügung, weil die TUI genug Erfahrungen gesammelt hatte und weil die Resonanz der Feldversuchsteilnehmer zu gering war.

Im Gegensatz zur TUI hat NUR im Rechnerverbund auch Reisebüros einbezogen. Etwa 20 Büros in den Feldversuchsgebieten erprobten diese Möglichkeit mit guten Erfahrungen, man rechnet bei NUR mit der Halbierung der Kosten pro Terminal durch den Einsatz von Bildschirmtext.

3.3 Möglichkeiten durch den Einsatz von Bildschirmtext

Bildschirmtext ermöglicht die Abwälzung des Datenerfassungsaufwandes auf die Reisenden, wenn diese ihre Buchung selbst vornehmen. Fraglich ist jedoch, ob diese überhaupt noch über ein Reisebüro buchen, wenn der direkte Weg billiger ist.

Bei Bildschirmtext können zu jeder gewünschten Seite Abrufstatistiken geführt werden, die eine gezielte Kontrolle der Akzeptanz ermöglichen. Der Informationsanbieter erfaßt neue Trends exakter als bisher, wenn z.B. das Reisemagazin für die USA um 20% weniger, die Darstellung der Reisen nach Japan aber um 20% häufiger abgerufen werden.

Bildschirmtext wird zur Zeit in Deutschland mit dem internationalen CEPT-Standard eingeführt. Obwohl international abgestimmt, hört man nur wenig von der Einführung des CEPT-Standards außerhalb Deutschlands. Für den Reisesektor ist jedoch eine internationale Verbindung der Bildschirmtext- Systeme sehr interessant.

Bildschirmtext ermöglicht eine größere Flexibilität im Angebot und könnte somit dazu beitragen, durch weniger starre Reiseangebote (z.B. Baukastensysteme) neue Kunden zu gewinnen. Auch im Preis ermöglicht Bildschirmtext eine größere Flexibilität: So könnten z.B. freie Kapazitäten im Luftverkehr noch in letzter Minute verkauft werden. Der Sitzladefaktor von zur Zeit ca. 60% ließe sich dadurch merklich steigern.

Die Kombination von Bildschirmtext mit einem Mikrocomputer ergibt viele neue Möglichkeiten: Fernladen von Software für Kundenkartei und Betriebsabrechnung, automatisiertes Abrufen und Sortieren von Mitteilungen u.s.w. Aus Gründen des Datenschutzes werden viele Reisebüros dieser Lösung gegenüber einer Datenverarbeitung "außer Haus" den Vorzug geben.

Durch Bildschirmtext erhalten auch kleinere Reisebüros und -veranstalter Zugang zu einem leistungsfähigen Informations- und Kommunikationssystem. START wird für diese Gruppe wegen seines hohen technischen Standards in der absehbaren Zukunft noch unerschwinglich bleiben.

3.4. Vertikale Integration durch Bildschirmtext ?

Bildschirmtext ermöglicht Direktbuchungen der Reisenden bei den Leistungsträgern (z.B. Lufthansa) und bei den Reiseveranstaltern. Dadurch erübrigt sich zum einen die Vermittlerfunktion der Reisebüros, zum anderen aber auch die der Reiseveranstalter.

Die Vertriebsstruktur und die möglichen Formen des Direktvertriebs sollen in einer einer Skizze verdeutlicht werden:

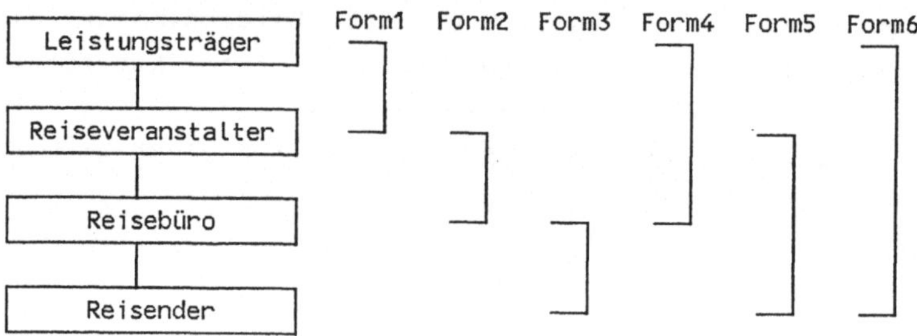

Im folgenden soll die Problematik der Direktbuchung noch einmal überblicksweise systematisch dargestellt werden, auch wenn sie eben schon in einem anderen Zusammenhang dargestellt wurde.

Form1: Kommunikation Leistungsträger-Reiseveranstalter

Diese Kommunikationsbeziehung wird in der Diskussion bisher meist übersehen, obwohl sie schon dann interessant wird, wenn nur eines der Unternehmen nicht zu den großen gehört. So könnten beispielsweise Hotels über Bildschirmtext Zimmerkontingente an Reiseveranstalter verkaufen.

Form2: Kommunikation Veranstalter-Reisebüro

Wie bereits erläutert wurde, ist diese Kommunikationsbeziehung das Wunschbild vieler kleinerer Reisebüros, denen START zu teuer ist.

Form 3: Kommunikation Reisebüro-Reisender

Ergänzend zu Form 2 könnte auch die Kommunikationsbeziehung zwischen Reisenden und Reisebüro über Bildschirmtext laufen. Fraglich ist aber dann, warum der Reisende überhaupt noch über ein Reisebüro gehen muß, es sei denn, dieses hätte auch Veranstalterfunktion.

Form 4: Kommunikation Leistungsträger-Reisebüro

Bundesbahn und Lufthansa werden ihrem eigenen START-System nicht das Wasser abgraben, dennoch wird auch dort überlegt, wie man weitere Reisebüros mit Informations- und Buchungsmöglichkeiten ausstatten kann. Der bessere Zugang zu Informationen wird die Veranstaltung eigener Reisen durch Reisebüros vorantreiben. Die Funktionen von Reiseveranstalter und Reisemittler werden zunehmend vermischt, wenn die Veranstalter Direktvertrieb betreiben und damit Reisemittler-Funktionen wahrnehmen und wenn die Reisemittler einfachere Reisen selbst veranstalten, womit wir bei der Form 5 angelangt sind.

Form 5: Kommunikation Reiseveranstalter-Reisender

Diese Kommunikationsbeziehung ist gut geeignet für den Einsatz von Bildschirmtext. Sie lohnt sich schon bei einer relativ geringen Zahl von mit BTX ausgestatteten Haushalten, da die frühen BTX-Nutzer auch im Reiseverhalten besonders mobil sind. Die Reisebüros werden aber vermutlich diejenigen Veranstalter boykottieren, die Direktbuchungen anbieten, deshalb werden die Veranstalter diesen Schritt erst nach sorgfältiger Abwägung und Erprobung der Akzeptanz mit einem reinen Informationsangebot ohne Buchungsmöglichkeit wagen.

Form 6: Kommunikation Leistungsträger-Reisender

Dies ist die direkteste Form der Direktbuchung und das Schreckgespenst von Veranstaltern und Reisemittlern. Komplizierte Pauschalreisen wird sich auch mit Bildschirmtext kein Normalbürger zusammenstellen können und wollen. Für das Reisebüro spricht weiterhin, daß der Kunde sich allein in der Vielfalt der Angebote und Seiten nicht zurecht findet. Zur Zeit sind allein in der Bildschirmtext-Zentrale Berlin rund 350.000 Seiten gespeichert, hinzu kommen noch die Seiten aus externen Rechnern. Einfache Kombinationen, wie z.B. 2 Wochen Hotelaufenthalt in Tokio und Flug dorthin könnte sich ein Reisender durchaus selbst zusammenstellen. Das Japanische Fremdenverkehrsamt könnte z.B. Vakanzlisten direkt von Japan aus in das deutsche Bildschirmtext-System einspielen.

Fraglich ist zur Zeit noch, ob und wann Lufthansa und Bundesbahn neben den Reiseveranstaltern Buchungsmöglichkeiten über Bildschirmtext anbieten werden.

3.6. Kombination von Bildschirmtext mit der Bildplatte

Die Bildplatte erlaubt das Abspeichern von Bewegt- und Festbildern, aber auch Daten, Texte und Sprache oder Musik. Sie wird durch einen Laserstrahl abgetastet und unterliegt keinem Verschleiß.

Die Bildplatte läßt sich hervorragend mit Bildschirmtext kombinieren, weil das Abspielen sich über Bildschirmtext steuern läßt. Die Speicherfähigkeit ist so groß, daß z.B. 50.000 Einzelbilder von Zielgebieten, Hotels und Zimmern auf einer Platte speicherbar sind. Über Bildschirmtext läßt sich nun ein bestimmtes Bild oder eine Sequenz von der lokal vorgehaltenen Platte gezielt abrufen.

Statt eines teuren Prospektes, der in wenigen Monaten veraltet, könnte alle 2 Jahre eine Bildplatte in Kooperation vieler Unternehmen des Reiseverkehrs produziert werden, die Filme zur Versetzung in Urlaubsstimmung und Ansichten aller buchbaren Hotels und Zimmertypen enthält. Der Reisende wählt sein Reisebüro (oder Veranstalter) über Bildschirmtext an und hält über den Fernsehschirm einen Dialog mit dem Buchungsprogramm, das ihm den Verlauf der Reise schildert und eine sofortige Buchung ermöglicht. Dabei werden durch den externen Rechner die jeweils passenden Filmsequenzen und Festbilder automatisch vom Bildplattenspieler im Wohnzimmer des Reisenden abgerufen, die aktuellen Preise kommen von der Bildschirmtext-Zentrale oder vom externen Rechner.

4. Zusammenfassung und Prognose

Die Akzeptanz von Bildschirmtext wird sich ständig mit der Weiterentwicklung der Informationsangebote und deren Benutzerfreundlichkeit verbessern. Dieser Prozeß wird jedoch noch Jahre dauern, sodaß den Reisebüros noch Zeit für die Umstellung bleiben wird. Im Geschäftsreiseverkehr wird der Einsatz von Bildschirmtext jedoch wesentlich schneller voranschreiten, hier könnte es schon bald zu schmerzlichen Umsatzverlusten kommen.

Die Bewältigung des Strukturwandels wird wesentlich erleichtert, wenn die Reisemittler bei Bildschirmtext kooperieren. Damit ist zunächst die Zusammenarbeit untereinander gemeint, darüber hinaus aber auch die Kooperation mit anderen Informationsanbietern, z.B. mit Banken, die Informationen zu Reisezahlungsmitteln anbieten oder mit Verlagen von Reiseführern, die über die Zielländer berichten.

Bildschirmtext muß noch viel benutzerfreundlicher werden, sowohl in Suchbaum und Schlagwortverzeichissen, als auch in den Dialogen mit dem externen Rechner. Wenn einmal eine Retrievalsprache vorliegt, die dem menschlichen Sprachempfinden nahekommt, wird Bildschirmtext ein großer Durchbruch gelingen. Das logische Suchen erfordert derzeit noch zu viel Aufwand im Erlernen einer für den Durchschnitts- Bildschirmtext-Nutzer zu komplizierten Sprache.

Im Rechnerverbund liegt die eigentliche Stärke des Bildschirmtextes. Für umfangreichere Informationsangebote und für komfortablere Buchungsprogramme wird man kaum auf ihn verzichten können. Trotzdem bieten auch die Möglichkeiten der Bildschirmtext-Zentralen für kleinere Reiseveranstalter zahlreiche neue Möglichkeiten.

Die Darstellungsqualität von Bildschirmtext genügt auch nach dem neuen Standard nicht, dem Kunden eine Reise zu verdeutlichen. Zunächst werden neben Katalogen zunehmend auch neue Medien, wie z.B. Bildplatte, Video und Kabelfernsehen dies übernehmen.

Der Trend zum späten Buchen, der schon jetzt die Reiseverkehrsunternehmen beunruhigt, wird sich noch deutlich verstärken. Damit wird ein Teil der Vorteile dieses Mediums für die Unternehmen des Reisesektors wieder zunichte gemacht.

Erst gegen Ende der Achtziger Jahre werden merkliche Teile des Reisebüroumsatzes durch Direktbuchungssysteme verloren gehen. Ausgefallene und beratungsintensive Reisen werden aber weiterhin vorwiegend im Reisebüro verkauft werden. Ebenso werden es auch in Zukunft zahlreiche Geschäftsreisende vorziehen, komplizierte Reisepläne an ein kompetentes Reisebüro zu delegieren. Reisebüros, die sich nur als Prospektverteilungs- und Buchungsstellen verstehen, werden es zukünftig jedoch schwerer haben als bisher.

Effects on the Tourist Trade

Falk von Bornstaedt, Sankt Augustin

In the Federal Republic of Germany there are some 20,000 travel agencies, most of them, medium in size. Of these roughly 70% conduct their travel business only as a side line, like the "Lotto" and football pool agencies. Less than 1 in 5 are equipped with visual display units. The only information and booking system with direct access to the actual mass-transport utilities is START, which was introduced in 1979. START offers high technology (printers with document recognition capabilities, dedicated lines for data transmission) but at relatively high cost.

Bildschirmtext (Btx), on the other hand, offers a high-performance information and communication system at lower cost. This will lead in all probability to a reduction of the number of START terminals in travel agencies in favour of the Btx system. In the branch offices of the NUR travel organization, Btx is already employed as a means of company-internal communication -- it is estimated that this will cut costs per terminal by half. Btx thus offers a large number of travel agencies for the first time the opportunity to reduce the lead so far held by the large tour organizers.

Finally, Btx will be able to deal with that part of the travel agent's business (approx. 50%) which could so far not be handled by START. Nevertheless, because of its undoubted advantages for the user, START will continue to be used for a long time to come in larger-sized travel agencies, with the additional option of being able to call up Btx pages on their VDU as well.

Btx means it is possible to pass on the cost of data acquisition to the travellers when they make their bookings themselves. However, it still remains to be seen if they will continue to go to a travel agent or tour organizer when direct access to the mass-transport utilities is cheaper. What is in the travel agent's favour at the moment is that the customer cannot find his way through the multiplicity of journeys and pages at his disposal, as long as a more user-friendly search and retrieval system has not been implemented -- and, indeed, there is still very much room for improvement in the Postal Administration's "search tree" and catchword index.

Btx offers travel agencies and tour organizers greater freedom in deciding on their supply and pricing policy. Competition will lead to greater flexibility in fixing prices, e.g. in disposing at short notice of travel items which would otherwise be left on their hands. Where prices are inflexible, for example in the case of agency agreements, this will lead to greater competition in the quality of agency service.

Btx acceptance will constantly rise as the supply of information and the user comfort are further improved. Travel agencies which adapt in good time to these developments will be able to hold their own on the market. The use of Btx will increase rapidly where business travel is concerned.

It will not be before the end of the 1980s that Btx will divert a considerable proportion of the standardized mass business from the travel agencies. However, the travel agency will continue to handle off-the-beaten-track and advice-intensive travel plans. In the same way business travellers will still prefer to delegate their more complicated travel arrangements to a reliable travel agent. Travel agents who continue to see their main function in the distribution of travel prospectuses and in handling bookings will find their existence threatened in the time ahead.

Transfer von Anwendererfahrungen aus Bildschirmtext-Pilotprojekten

Dietrich Seibt, Köln

1. BTX-gestützte betriebliche Informationssysteme (: BTXIS)

"Geschäftliche Nutzung von Bildschirmtext" bzw. "Nutzung von Bildschirmtext für Zwecke der geschäftlichen Kommunikation" stellen Sprachschöpfungen dar, die die zukünftige Zweckbestimmung von BTX-gestützten Systemen in Unternehmungen nur sehr unvollkommen skizzieren. Aus diesem Grunde wird ein neuer Begriff vorgeschlagen: "BTX-gestütztes betriebliches Informationssystem", abgekürzt BTXIS. Dieser Begriff soll deutlich machen, daß hier eine neue Variante technologiegestützter Informationssysteme entstehen wird, die nicht nur auf dem Gebiete der inner- und zwischenbetrieblichen Kommunikation, sondern allgemein auf dem Gebiet der betrieblichen Informationsverarbeitung erhebliche Auswirkungen erwarten läßt. Sie eröffnet neue, bisher nicht verfügbare Perspektiven für die interaktive Datenfernverarbeitung, d.h. für viele neue Kombinationsformen von Telekommunikation und Datenverarbeitung im Dialog.

Mit Bildschirmtext steht erstmals ein wirklich offenes, flächendeckendes Netz zur Verfügung, in dem Rechner verschiedenen Typs miteinander verbunden werden können. Organisatorische Kommunikationsströme unterschiedlicher Art - top down, bottom up, horizontal, regional, überregional, zwischen Mitgliedern von geschlossenen Benutzergruppen bis hin zu einer auch für Externe frei zugänglichen öffentlichen Kommunikation - können über BTX-gestützte Informationssysteme abgewickelt werden. BTX eröffnet auch kleinen Anwendern bequemen Zugang über (im Vergleich zu herkömmlichen Kommunikationsdiensten) kostengünstige Modems und Endgeräte.

Ein besonderes Merkmal BTX-gestützter Informationssysteme wird das hohe Maß an "Verteilter Datenverarbeitung" sein, das mit ihrer Hilfe verwirklicht werden kann. Eine größere Anzahl von Datenverarbeitungsfunktionen wird am Arbeitsplatz des Endbenutzers durch intelligente BTX-fähige Mikrorechner realisiert werden. Darüber hinaus kann der BTX-Benutzer nicht nur Zugang zu den auf den öffentlich zugänglichen BTX-Vermittlungsstellen der Deutschen Bundespost gespeicherten Informationen, sondern auch Zugang zu großen zentralen Datenbanken und zu den DV-Funktionen auf Großrechnern haben, die im sog. BTX-Rechnerverbund angeschlossen werden können. Auf diese Weise wird die heute noch häufig kontrovers geführte Diskussion über zentralisierte oder dezentralisierte DV-Systeme beträchtlich entschärft, weil die Vorteile beider Organisationsformen gleichzeitig erreicht werden können.

2. Notwendigkeit zur Förderung des Transfers von Anwendungs-Knowhow

Auf dem Gebiet der Entwicklung von BTXIS ist bisher kein oder kaum Anwendungs-Knowhow verfügbar. Die Gründe hierfür sind offensichtlich:

- BTX befindet sich als neuer, von der DBP geschaffener Kommunikationsdienst noch ganz am Anfang.
- Die Notwendigkeit zur Übernahme des CEPT-Standard hat vor allem im Bereich der Hardware- und Software-Entwicklung zu Verzögerungen geführt.
- Viele potentielle BTX-Anwender warten ab, weil sie nicht die Rolle von Experimentatoren übernehmen möchten, die ja bekanntlich das Risiko eingehen, das meiste "Lehrgeld" zu zahlen.

Zwei Fragen sind in diesem Zusammenhang zu stellen:

(a) Wer "vermarktet" BTX? Wer setzt sich für die BTX-Verbreitung ein?

(b) Was wird vermarktet?

Zu Frage (a) eine Liste, die nicht vollständig ist:

- DBP
- Hersteller/Mainframer
- Endgeräte-Hersteller
- Software-Häuser
- Service-Rechenzentren
- Berater
- Agenturen

⋮

Zu Frage (b): Primär werden Hardware-Produkte, Software-Produkte, Dienstleistungen in Form von Datenübertragungsleistungen, Rechner-Services und Beratungsleistungen vermarktet.

Hieraus lassen sich eine Reihe von Thesen ableiten:

These 1: Das Angebot ist überwiegend produktorientiert und/oder dienstorientiert, wobei die technischen Leistungskriterien der Produkte und Dienste im Vordergrund stehen.

These 2: Potentielle Anwender brauchen Unterstützung,

- wenn sie komplexe betriebsindividuelle Informations- und Kommunikationsbedürfnisse in präzise Anforderungen an die Technik übersetzen sollen,
- wenn sie bestimmte betriebliche Voraussetzungen schaffen sollen, damit die Technik wirksam und wirtschaftlich eingesetzt werden kann.

These 3: Diese Unterstützung ist umso notwendiger, je "kleiner" der potentielle Anwender ist.

These 4: Diese Unterstützung ist bisher nur von einigen kompetenten Beratern zu erhalten, weil nur geringes BTX-Anwendungsknowhow verfügbar ist.

Große Unternehmen können sich im Bereich der Informationsverarbeitung und Kommunikation selbst Stellen schaffen, die Anwendungs-Knowhow produzieren und in Zukunft verstärkt produzieren werden. Mittelständische Unternehmungen, die zum Einstieg in die neue Technik bereit sind, brauchen auf jeden Fall Unterstützung. Die Tatsache, daß es gegenwärtig wenig Anwendungsknowhow gibt, ist einer der Hauptgründe, weshalb die Geschwindigkeit gering ist, mit der sich BTXIS in Unternehmungen ausbreiten. Anders ausgedrückt: Wenn die Bildung und der Transfer von BTXIS-Anwendungs-Wissen aus Pilotprojekten gezielt gefördert wird, besteht die Chance, die Verbreitung derartiger Systeme in Wirtschaft und öffentlicher Verwaltung zu beschleunigen.

Abgrenzung des Begriffs "Anwendungs-Knowhow"

Hierzu gehört der gesamte Komplex des Wissens, wie BTXIS zu gestalten, d.h. zu entwerfen, zu realisieren und zu implementieren sind. Nachfolgend einige beispielhaft hervorgehobene Aspekte dieser Gestaltungsproblematik:

- <u>Analysen betrieblicher Informationsverarbeitungs- und Kommunikationsbedürfnisse</u> sowie verhandener Strukturen und Einrichtungen zum Zwecke der Lokalisierung derjenigen Bedürfnisse, die zukünftig "am besten" mit Hilfe von BTXIS erfüllt werden können: Welche Methoden stehen für solche Analysen zur Verfügung; wie sollten diese Analyse-Methoden eingesetzt werden, wie sollte bei solchen Analysen vorgegangen werden?

- <u>Prozeß der Zielbildung für die BTXIS-Entwicklung:</u>

  Auf welche Ziele kommt es an; wer ist an der Zielbildung zu beteiligen; wie kann sichergestellt werden, daß die Bedürfnisse der zukünftigen BTXIS-Benutzer bei der Zielbildung voll berücksichtigt werden bzw., daß die Benutzer selbst klare Anforderungen an die Systementwickler stellen?

- <u>Prozeß der Systementwicklung:</u> Welche Methoden und Werkzeuge können zur Unterstützung der Entwicklungs aktivitäten eingesetzt werden; wer kann/sollte welche Aktivitäten durchführen; wie kann sichergestellt werden, daß die zukünftigen Benutzer möglichst viele Entwicklungsaktivitäten selbst durchführen?

- <u>Wirtschaftlichkeitsuntersuchungen von BTXIS:</u> Welche Methoden sind zur Abschätzung/Prognose der Wirtschaftschaftlichkeit eines zu entwickelnden BTXIS als Alternative zu herkömmlichen DV- und Telekommunikationslösungen verfügbar; wie ist bei solchen Untersuchungen vorzugehen; wie kann sichergestellt werden, daß sowohl lokale (aus Benutzer- bzw. Fachabteilungs-Sicht) als auch globale (aus Sicht des Unternehmens) Kosten- und Nutzenkriterien in ausreichendem Umfang berücksichtigt sind?

- <u>Kontrolle der Zielerreichung:</u> Welche Methoden und Werkzeuge zur Kontrolle sind verfügbar, insbes. für eine permanente, während der gesamten BTXIS-Entwicklung andauernden Qualitätssicherung; auf welche Weise (wie häufig, in welchem Umfang, von wem usw.) soll die Zielerreichung kontrolliert werden?

- <u>Organisatorische Implementierung eines BTXIS:</u> Welche Arten von Akzeptanzproblemen sind bei den zukünftig vom BTXIS-Einsatz Betroffenen zu erwarten; durch welche Maßnahmen können diese Probleme gelöst bzw. hinsichtlich ihrer negativen Auswirkungen verringert werden?

3. Analysen von BTX-Anwendungskonzepten in verschiedenen "Branchen"

Das BIFOA (= Betriebswirtschaftliches Institut für Organisation und Automation an der Universität zu Köln) hat dem Bundesminister für das Post- und Fernmeldewesen vorgeschlagen, den Transfer des BTXIS-Anwendungs-Knowhow aus entsprechenden Pilotprojekten gezielt zu fördern, um die im vorausgegangenen Abschnitt hervorgehobenen positiven Wirkungen auf die Verbreitungsgeschwindigkeit solcher Systeme zu erreichen. Der Minister hat diesen Vorschlag aufgegriffen und zunächst zwei Vorstudien gefördert, mit denen BIFOA beauftragt worden ist. Die erste Vorstudie fand im Zeitraum Dezember 1981 - April 1982 statt. In ihrem Rahmen wurden zwölf Systemanalysen bei zwölf DV-Anwendern durchgeführt:

Versicherungen:

- IDUNA-Versicherungen, Hamburg,
- Colonia-Versicherung, Köln.

Industrie-Unternehmen:

- FORD-Werke AG, Köln
- Sanol Schwarz GmbH, Monheim

Kommunal-Verwaltung

- Kommunale Datenzentrale Mettmann/Kreis-Katasteramt
- KDVZ Frechen-Erftstadt

Dienstleistungs-Unternehmungen:

- GfA Exdata, Nürnberg
- Deutsches Rotes Kreuz (Zentrale), Bonn

Hochschulen/wissenschaftliche Institutionen:

- Fernuniversität Hagen (HRZ)
- ITZ = Innovationsförderungs- und Technologie-Transfer-Zentrum der Hochschulen des Ruhrgebiets, Bochum

Universitätskliniken:

- Universitätskliniken in Düsseldorf
- Universitätskliniken in Köln.

Sowohl die sechs "Branchen", als auch die Unternehmen bzw. Institutionen innerhalb dieser "Branchen" wurden in Absprache mit dem Bundesminister für das Post- und Fernmeldewesen ausgewählt.

Hauptziel der ersten Vorstudie waren Analysen von BTX-Anwendungskonzeptionen für bestimmte betriebliche Funktions bereiche, die entweder in diesen Organisationen bereits erarbeitet worden waren oder aber in Zusammenarbeit mit dem BIFOA im Verlaufe der Vorstudie entwickelt wurden.

Teilziele, die im Rahmen der Systemanalysen erreicht wurden:

- Analysen des Ist-Zustands in bestimmten abgegrenzten Anwendungsbereichen

a) Analyse der betrieblichen DV-Funktionen

b) Analyse der Organisations-/Personalstrukturen

c) Analyse der DV-Strukturen

d) Analyse der Kommunikationsstrukturen

e) Analyse der vorhandenen Schwachstellen

- Abgrenzung von potentiell einsetzbaren BTX-Lösungen
- Analyse der Voraussetzungen/Konsequenzen von diesen potentiell einsetzbaren BTX-Lösungen

f) Vorteile/Nutzen dieser Lösungen

g) Rationalisierungspotentiale aus Sicht des einzelnen Unternehmens

h) Rationalisierungspotentiale aus Sicht der Branche

- Analyse der technischen und organisatorischen Durchführbarkeit der BTX-Lösungen

i) potentielle Akzeptanz-Schwierigkeiten

j) potentielle technische Schwierigkeiten.

Aus den Ergebnissen dieser ersten Vorstudie wurde folgender BIFOA-Vorschlag abgeleitet:

Förderung des Anwendungs-Knowhow-Transfers aus vier Pilotprojekten durch das Bundesministerium für das Post- und Fernmeldewesen, die bei vier Anwendern im Zeitraum von drei Jahren abgewickelt werden. Die Förderung sollte darin bestehen, daß in jedem dieser Projekte je ein wissenschaftlicher Mitarbeiter des BIFOA über die Gesamtdauer hinweg mitwirkt. Die konkrete Entwicklungstätigkeit soll dabei auf durchschnittlich 50 % der Arbeitszeit jedes Mitarbeiters eingegrenzt sein, während in den restlichen 50 % der Arbeitszeit Transfer-Aufgaben zu erfüllen sind.
Einzelheiten über die Mitwirkung des BIFOA-Teams an den BTXIS-Entwicklungsprozessen der Pilotpartner und über die Art der Transferaktivitäten enthält der 5. Abschnitt.

Dieser Vorschlag wurde im Bundespostministerium aufgegriffen. Zur Detaillierung der Ziele des geplanten Hauptprojektes sowie zum Aufbau tragfähiger Kooperationsbeziehungen zu vier Pilotpartner wurde eine zweite Vorstudie gefördert, die im Zeitraum August 1982 bis März 1983 stattgefunden hat. In dieser zweiten Vorstudie wurden in Absprache mit dem Bundespostministerium detaillierte Systemanalysen bei folgenden Unternehmungen bzw. Institutionen durchgeführt:

- BMW AG, München
- IDUNA-Versicherungen AG, Hamburg
- Sanol Schwarz GmbH, Monheim
- KDVZ Frechen-Erftstadt.

Ende März 1983 wurden bei den beiden erstgenannten Unternehmungen die Kooperationsverträge für die Zusammenarbeit mit BIFOA im Rahmen der genannten Pilotprojekte unterschrieben. Die beiden letztgenannten traten von ihrer ursprünglichen Kooperationsabsicht zurück. Stattdessen wurden die REWE-ZENTRAL AG, Köln, sowie die Landeshauptstadt Düsseldorf/Institut für Automatisierte Datenverarbeitung als Kooperationspartner gewonnen.

4. Hauptprojekt "Konzipierung und Entwicklung von unternehmensweiten Bildschirmtext-Informationssystemen in Kooperation mit Pilotanwendern

Das vom Bundesministerium für das Post- und Fernmeldewesen geförderte Hauptprojekt hat am 1. 4. 1983 begonnen. Die Kooperationen mit den Partnern BMW AG und IDUNA Versicherungen wurden am 1. 5. 1983, die Kooperationen mit den Partnern REWE Zentral AG und Stadt Düsseldorf wurden am 1. 7. 1983 gestartet. Allen Kooperationen liegen Verträge zugrunde, in denen sowohl die Projektziele als auch die von den Partnern zu erbringenden Aufwendungen nach Art und Umfang (insbesondere Personalaufwand) spezifiziert worden sind. Als Projektdauer wurden jeweils drei Jahre vorgesehen.

In allen Pilotprojekten werden die gleichen Phasen geplant:

- <u>im ersten Jahr</u> = Entwurfs-/Analyse-Phase
  zunächst grobe, dann schrittweise immer detailliertere Analysen und Entwürfe, sowohl für die technischen als auch für die organisatorischen BTXIS-Komponenten;
- <u>im zweiten Jahr</u>= Realisierungs-Phase
  Programmierung und Test der Anwendungssoftware, Implementierung des BTX-Rechnerverbunds, organisatorische Integration, schrittweise Einbettung des BTXIS in das organisatorische Umfeld, schrittweise Erweiterung der Anzahl angeschlossener Benutzer;
- <u>im dritten Jahr</u>= Erprobungs-/Konsolidierungs-Phase
  Kontrolle des BTXIS auf Wirksamkeit und Wirtschaftlichkeit (Vergleich mit den Entwicklungszielen), Feinanpassung an die dann gegebenen Benutzerbedürfnisse, organisatorischen Randbedingungen, technischen Möglichkeiten usw.

Auf den folgenden Seiten werden die vier Pilotprojekte inhaltlich in Kurzform beschrieben. U.a. wird jeweils geschätzt, wie groß der Kreis der potentiellen BTXIS-Benutzer voraussichtlich sein wird. Es kann erwartet werden, daß erfolgreiche Pilotprojekte erhebliche Multiplikator-Effekte in der jeweiligen "Branche" haben werden.

BTXIS für den Versicherungs-Außendienst

Pilotprojekt A: Kooperation mit IDUNA Versicherungen AG, Hamburg

Größe des Außendienstes:	3.000	hauptberufliche Außendienstmitarbeiter
	16.000	nebenberufliche " "
	650	ORG-Führungskräfte
	ca. 20.000	im gesamten Bundesgebiet

Konzept für die achtziger Jahre:

Große und kleine Außenstellen werden dezentrale Rechner haben und über Datenleitungen (HFD, DATEX-P) mit der Zentrale verbunden sein. Über BTX-Rechnerverbund soll der Außendienstmitarbeiter "an der Front" mit Informationen und DV-Leistungen unterstützt werden.

Gegenwärtiger Stand (Oktober/November 1983):

. Umfassender unternehmensweiter "Feldversuch" läuft.

. Realisierte Anwendungen:
  - Auskunftsystem über aktuelle Vertragsdaten (Zugriff über Versichungs-Nr. und Name)
  - Tarifberechnung Leben/Renten- (Neugeschäft)
  - "Folgeprodukte", d.h. flexible Kombinationen, die sich an eine Auskunft über Vertragsdaten anschließen.

Geplante Ergebnisse:

a) kurzfristig:
  - Entwicklung weiterer Tarifberechnungen (z.B. Kfz-Haftpflicht, Kfz-Kasko, Beamtenentwürfe)
  - BTX-Verkaufshandbuch
  - Finanzierungsangebote im Bausparbereich
  - Auskünfte über aktuelle Zahlungen

b) mittel- bis langfristig:
  - Eingabe aktueller Vertragsänderungen
  - individuelle BTX-Dateien der AD-Mitarbeiter
  - Spezialauskünfte, z.B. Rückkaufswerte, Rentenberechnungen
  - Verkaufsaktionen der Zentrale.

BTXIS zur Unterstützung des Automobil-Vertriebs

Pilotprojekt B: Kooperation mit BMW AG, München

Größe der Gruppe: ca. 1.000 über das gesamte Bundesgebiet verteilte BMW-Händler

Konzept für die achtziger Jahre

Im Rahmen der langfristig geplanten Vernetzung der Handelsorganisation und Vertriebsgesellschaften soll zukünftig ein Großteil der heute noch telefonischen Abfrageprozesse sowie dialogorientierte Kommunikationsprozesse zwischen Händlern und Zentrale über BTX abgewickelt werden.

Gegenwärtiger Stand (Okt./Nov. 1983):

- Detailanalysen wurden durchgeführt für folgende Anwendungsbereiche:

(1)	ASI	(Absatzsicherung Inland)
(2)	DIWA	(Dienstwagenverkauf)
(3)	FZ	(Fertigerzeugnisse)
(4)	GW-Info	(Gewährleistungs-Informationssystem)
(5)	HWB	(Handels- und Werkstättenbedarf)
(6)	KTP	(Kundenkontaktprogramm)
(7)	MBD	(Maschinelle Bestandsführung und Disposition)
(8)	TD	(Teiledienst)
(9)	VIS	(Vertriebsinformationssysteme)
(10)	WÜ	(Werkstattübersicht)
(11)	ZTSI	(Zentrales Trainings- und Schulungsinformationssystem).

- "Aufklärungsarbeit" bei den Betroffenen

Geplante Ergebnisse

kurzfristig:
- Feststellung der Kommunikationsstrukturen und -bedürfnisse der Händler
- Wirtschaftlichkeitsanalysen
- Einleitung des Pilotbetriebs mit ausgewählten Händlern und abgegrenzten Probe-Anwendungen

mittel-/langfristig:
- Schrittweise Realisierung und Implementierung der oben genannten Anwendungssysteme sowie einiger weiterer bisher nur grob analysierter Anwendungssysteme

BTXIS für die Kommunikation in der REWE-Handelsgruppe

Pilotprojekt C: Kooperation mit der REWE-Zentrale AG, Köln

Größe der Gruppe:

28	REWE-Großhandlungen
6.100	selbständige Einzelhändler
2.000	filialisierte, unselbständige Einzelhandels-Märkte
ca. 8.100	potentielle BTX-Teilnehmer im gesamten Bundesgebiet

Konzept für die achtziger Jahre:

Mit Hilfe von BTX soll ein umfassendes Kommunikationssystem zwischen allen Stufen der REWE-Gruppe (Einzelhandel - Großhandel - Zentrale) sowie zwischen der REWE-Gruppe und Außenstehenden (Kunden, Lieferanten, Banken etc.) geschaffen werden, das einen Großteil des heutigen telefonischen und schriftlichen Kommunikationsprozessen ersetzen soll.

Gegenwärtiger Stand (Oktober/November 1983):

o BTX-Know-how besteht derzeit fast ausschließlich in der Zentrale.

o Als erste Untersuchungseinheit wurde die Kommunikationsbeziehung zwischen Einzelhandel und Großhandel festgelegt.

o Zur Zeit finden ausführliche Kommunikationsanalysen mit einer Einführung in BTX statt.

o Als erstes BTX-Anwendungsgebiet wurde das Bestellwesen "Obst und Gemüse" identifiziert.

Geplante Ergebnisse

a) kurzfristig:
- Identifizierung weiterer BTX-Anwendungspotentiale
- Sollkonzeption, Realisierung und Test des Bestellsystems "Obst und Gemüse"
- Wirtschaftlichkeitsanalysen

b) mittel- bis langfristig:
- Transfer des Bestellsystems auf weitere Warengruppen
- Ausdehnung des BTXIS auf weitere Kommunikationsbeziehungen
- Akzeptanzanalysen.

BTXIS als AUSKUNFTS- UND PLATZBUCHUNGSSYSTEM für kulturelle Einrichtungen einer Großstadt

Pilotprojekt D: Kooperation mit der Landeshauptstadt Düsseldorf

Größe der Gruppe potentieller Benutzer:
- 6 Typen von kulturellen Einrichtungen (Oper, Konzerthaus, Schauspielhaus, Hallen für Großveranstaltungen, Volkshochschule, Stadtbüchereien)
- 25 Bezirksverwaltungsstellen und diverse Nebenstellen
- 6 städtische und weitere regionale Vorverkaufsstellen
- alle Bürger in der Stadt und in der Region, die die kulturellen Einrichtungen benutzen und über öffentlich zugängliche oder private BTX-Anschlüsse Auskünfte einholen / Plätze buchen.

Konzept für die achtziger Jahre:

Entwicklung eines umfassenden Informations- und Platzbuchungssystems, das vielfache Verzweigungs- und Kombinationsmöglichkeiten für den Benutzer bietet und prinzipiell für alle in der Stadt Düsseldorf ansässigen kulturellen Einrichtungen offen steht.

Gegenwärtiger Stand(Oktober/November 1983)

. Entwickelt wurde ein Analyse-Instrumentarium, mit dessen Hilfe die Informationsbeziehungen zwischen kulturellen Einrichtungen und ihren "Kunden" erfaßt wurden
. Erfassung der Anforderungen der verschiedenen kulturellen Einrichtungen
. Zusammenfassung der Anforderungsprofile; Vergleich und Abstimmung mit den Ergebnissen ähnlicher Studien in Nachbarstädten
. Erste grobe Systementwürfe und Wirtschaftlichkeitsrechnungen

Geplante Ergebnisse:

a) kurzfristig:
- Entwicklung eines organisatorischen und systemtechnischen BTXIS-Anwendungskonzepts für die Volkshochschule
- organistorische und systemtechnische Detailentwürfe für das zu entwickelnde BTXIS

b) mittel- bis langfristig:
- Realisierung des geplanten BTXIS für die Volkshochschule
- Entwurf, Realisierung, Implementierung weiterer Moduln für das geplante umfassende BTX-gestützte Auskunfts- und Platzbuchungssystem für die kulturellen Einrichtungen unter Nutzung der Erfahrungen aus dem Einsatz des BTXIS für die Volkshochschule

5. Aktivitäten des BIFOA im Rahmen des Hauptprojektes

In Abschnitt 3 wurde bereits erwähnt, daß an jedem der bei den vier Kooperationspartnern durchgeführten Pilotprojekte je ein wissenschaftlicher Mitarbeiter des BIFOA mitwirkt. Diese Mitwirkung an der unternehmungsindividuellen BTXISEntwicklung ist auf durchschnittlich 50% seiner Arbeitszeit begrenzt. Bei einer dreijährigen Entwicklungsdauer für die Pilotsysteme (unterschiediche Start-Termine) wird damit gerechnet, daß die BIFOA-Mitarbeiter im ersten Jahr (grob identisch mit "Analyse und Entwurf") wahrscheinlich zwei Drittel ihrer Arbeitszeit, im zweiten Jahr (grob identisch mit "Realisierung") wahrscheinlich tatsächlich die Hälfte und im dritten Jahr (grob identisch mit "Erprobung und Konsolidierung") wahrscheinlich ein Drittel ihrer Arbeitszeit konkrete Entwicklungsaktivitäten durchführen. Bezüglich der Art dieser Aktivitäten sind folgende Schwerpunkte vereinbart:

(1) Analyse der Benutzerbedürfnisse - Spezifikation der Anforderungen an das zu entwickelnde BTXIS aus Sicht der zukünftigen BTXIS-Benutzer.
(2) Mitwirkung in der Entwurfsphase mit dem Ziel, von Anfang an, alle wichtigen organisatorischen und benutzerspezifischen Aspekte entsprechend ihrer Bedeutung für den Projekterfolg zu berücksichtigen.
(3) Analyse der Wirtschaftlichkeit und Wirksamkeit der BTXIS-Anwendungen, mehrfach im Verlaufe des Entwicklungsprozesses.
(4) Vorbereitung und Durchführung von projektspezifischen Schulungs- und Implementierungsmaßnahmen.
(5) Analyse der Akzeptanz des in Entwicklung befindlichen BTXIS sowie Vorschläge zu Verbesserung der Akzeptanz.
(6) Dokumentation aller wichtigen Aktivitäten sowie der hieraus resultierenden Projektergebnisse.

Bei den hier abgegrenzten Teilleistungen handelt es sich um Leistungen, die schwerpunktmäßig von den Piltopartnern aus der Kooperation mit BIFOA erwartet werden. Darüber hinaus werden die BIFOA-Mitarbeiter wahrscheinlich auch in begrenztem Maße bei anderen Projektaktivitäten mitwirken.

Zweiter Tätigkeitsschwerpunkt der BIFOA-Mitarbeiter im Hauptprojekt sind die Transfer-Aktivitäten, die den jeweils verbleibenden, nicht durch Entwicklungsarbeiten beanspruchten Teil der Arbeitszeit einnehmen.
Hier erwartet der Auftraggeber folgende Arten von Aktivitäten:

(a) Transferaktivitäten, die ausgerichtet sind auf Bedürfnisse innerhalb der DBP

(1) Vorbereitung, Organisation und Durchführung von Ausbildungsveranstaltungen, insbesondere für zukünftige BTXIS-Berater der DBP.

Typ 1: Anwendungskonzepte
Typ 2: Implementierungskonzepte

In beiden Veranstaltungstypen sollen die Wirtschaftlichkeits- und Wirksamkeitsaspekte beim Anwender betont werden.

(2) Beiträge des BIFOA-Teams zu Veranstaltungen, die von der DBP vorbereitet und organisiert werden.

(b) Transferaktivitäten, die sich an die Allgemeinheit richten

(1) Seminare, Informationsforen u.ä. mit begrenzter Teilnehmerzahl, in denen Berichte über Anwendungskonzepte oder realisierte Anwendungen im Vordergrund stehen und Raum für Erfahrungsaustausch gegeben wird.

(2) Veranstaltungen vom Typ Workshop bzw. Quality Circle mit speziellen branchen- oder größenorientierten Sektionen. (Abgrenzung und Detaildiskussion spezieller Probleme der beteiligten Unternehmungen unter Einsatz von Moderatoren und Metaplan-Technik).

(c) Transfer mit Hilfe von Publikationen, ebenfalls allgemein zugänglich

(1) Zusammenfassende Beiträge im Rahmen von Jahrbüchern, Zeitschriften und Proceedings von Tagungen und Kongressen.

(2) Erstellung und Publikation von praxisorientierten Systematiken und Handlungsleitfäden für Analysen und für das Vorgehen in Entwicklungs- und Implementierungsprozessen im Zusammenhang mit dem Aufbau von BTXIS.

Es wird erwartet, daß mit Hilfe des hier beschriebenen, vom Bundesminister für das Post- und Fernmeldewesen geföderten Projektes Geschwindigkeit und Umfang des Transfers von BTXIS-Anwendungsknowhow aus Pilot-Entwicklungen positiv beeinflußt werden wird. Angestrebte Konsequenzen sind sowohl Multiplikator-Effekte bezüglich des Aufbaus weiterer ähnlicher BTXIS in Unternehmen bzw. Institutionen derselben "Branchen" als auch Multiplikator-Effekte im Rahmen der "privaten" Nutzung von BTX. Die Kurzbeschreibungen der vier Pilotprojekte verdeutlichen, daß alle zu entwickelnden BTXIS eine große Anzahl von Endbenutzern erreichen werden. Positive Erfahrungen mit den jeweiligen BTXIS erhöhen die Wahrscheinlichkeit, daß diese Endbenutzer Bildschirmtext auch privat intensiver anwenden werden.

6. Verzeichnis vorliegender bzw. in Kürze verfügbarer schriftlicher Beiträge über das Projekt und über die Vorstudien.

a) Beiträge in Zeitschriften und in Proceedings von Veranstaltungen.

BEKELAER, Karin:	BTX-Anwendungen im Verbund zwischen Automobilhersteller und -händler aus Vertriebssicht. BIFOA-Fachseminar "Bildschirmtext-Innerbetriebliche Anwendungen" am 2./3. Februar 1984 in Köln.
EICHINGER, F.:	Computergestützter Außendienst unter Einsatz von Bildschirmtext. Das Konzept der Iduna-Versicherungsgruppe. Vortrag BIFOA-Fachseminar Köln, Juni 1983 und Vortrag BIFOA-Fachseminar, Köln, Dezember 1983.
GOHL, Irene:	Bildschirmtext - ein Medium auch für das Kfz-Gewerbe. In: AUTOHAUS, Heft 18, 3. Oktober 12983, S. 2074-2077.
LANGEN, B.:	Ergebnisse von BTX-Wirtschaftlichkeitsberechungen in ausgewählten Praxisfällen. Vortrag BIFOA-Fachseminar. Köln, März 1983.
LIEFFERING, W.:	Textkommunikation über Bildschirmtext - Erfahrungsbericht eines Anwenders -. Vortrag BIFOA-Fachseminar. Köln, März 1983.
SEIBT, D.:	Zukünftige innerbetriebliche BTX-Informationssysteme. Vortrag BIFOA-Fachseminar. Köln, März 1983.
SEIBT, D.; LANGEN, B.:	Betriebswirtschaftliche und organisatorische Aspekte der Entwicklung von Informationssystemen auf BTX-Basis. Vortrag Telecom 1983. Köln 1983.
SEIBT, D.; LANGEN, B.:	Wirtschaftlichkeitsuntersuchungen für Bildschirmtext-Informationssysteme. Vortrag BTX-Informationsforum, Köln. Juni 1983.

SEIBT, D.; LANGEN, B.: BTX aktuell - Pilotprojekt. In: net-Zeitschrift für angewandte Telekommunikation (R.v. Decker's Verlag) Heft 1/1984, S. 23 - 24

SEIBT, D.; RÜSCHENBAUM, F.; EICHINGER, F.; LIEFFERING, W.: BTX aktuell - Teilprojekt 1 - BTX-Einsatz in den IDUNA Versicherungen zur Steuerung des Außendienstes - In: net-Zeitschrift für angewandte Telekommunikation. Heft 2/1984, S. 64-70

TIEDEMANN, C.; BEKELAER, K.; GOHL, I. SEIBT, D.: BTX-aktuell - Teilprojekt 2 BTX-Einsatz bei der BMW AG zur Kommunikation mit BMW-Vertragshändlern aus vertriebler Sicht. In: net-Zeitschrift für angewandte Telekommunikation. Heft 3/1984

SEIBT, D. Wirtschaftlichkeit von Bildschirmtext -Voraussichtliche Kosten von BTX-Anwendungen im kommunalen Bereich- In: ÖGI/GI-Fachtagung "Neue Informationstechnologien und Verwaltung", September 1983 in LINZ/Österreich (wird in 1984 veröffentlicht vom SpringerVerlag)

HILGERS,B.; KAMPLING,M. Betriebswirtschaftliche Analysen des Bildschirmtext-Einsatzes im Katasterwesen, verglichen mit anderen DV-Lösungen -untersucht am Beispiel des Katasteramtes Mettmann (Diplomarbeit)Essen 1983

ANSTÖTZ,K.; DÄHNHARDT,J. Entwicklung eines prototypischen BTX-Informationssystems für den Technologietransfer - Gestaltungserfahrungen und Wirtschaftlichkeitsüberlegungen - (Diplomarbeit) Essen 1984

b) BTXIS-Projektberichte der BIFOA-Projektgruppe

TIEDEMANN, C.: Analysen der Informationseinflüsse zwischen der BMW Hauptverwaltung und den BMW Vertragshändlern

TIEDEMANN, C.: BMW-Händler als Bildschirmtext-Anbieter. - Vergleichende Gegenüberstellung von sechs Realisierungsalternativen

RÜSCHENBAUM, F.: BTX-Einsatz zur Unterstützung des Außendienstes bei der IDUNA Versicherungen AG - Entwurf einer Istaufnahme -

RÜSCHENBAUM, F.: BTX-Einsatz bei der IDUNA Vesicherungen AG - Konzepte zur Wirtschaftlichkeitsanalyse und Auswertung des IDUNA-internen Feldversuchs

BREITHARDT, J.; FELDVOß, W.; SONNTAG, M.: Analysen der Stadtbüchereien und der Volkhochschule Düsseldorf

GARTNER, H.A.; LANGEN, B.: Kommunikationsbeziehungen in der REWE-Gruppe - Instanalyse und Konzepte für die BTX-Nutzung -

Transfer of User Experiences gained from the Bildschirmtext Pilot Projects

Dietrich Seibt, Köln

1. Btx-aided business information systems (BTXIS) - general and special features in comparison to customary computer-assisted information systems.

2. Necessity of promoting transfer of application knowhow.

3. Analyses of the BTXIS application proposals in various "sectors"
   - research into already planned and delimitation of possible application proposals
   - expected outlay and profit

4. Project for transfer of application knowhow gained from Btx pilot projects (1983-86)
   - cooperation with 4 users
   - objectives of the users
   - duration and main phases of the projects
   - planned transfer activities
   - addressees of the transfer activities

Results of two Surveys into the Use of the Captain System for Community and Public Service Information

Yujiro Hayashi, Tokyo

1. As director of the committee investigating public service information at the Captain System Research & Development Center, I was able to assemble a number of comments from the results of two surveys into community and public service information needs conducted in the Setagaya and Sumida Wards of Tokyo, Japan. These comments are presented in this report.

2. Residents of the Setagaya and Sumida Wards were asked from which sources they habitually obtain information on their communities and on city and ward administration. They were given a choice of ten media, including the Captain System, and asked to choose three, in descending order of frequency of use. The responses were as follows:

Public relations magazines	93.3%
Newspapers	79.5%
Public bulletin boards and posters	43.1%
Television	35.9%
Word of mouth	11.8%
Telephone inquiries to ward offices, etc.	9.7%
Captain System	9.2%
Radio	6.2%
Small local magazines	4.1%
National weekly and other periodicals	3.1%
Others	4.1%

3. More in-depth questioning of the 195 interviewees, (144 from the Setagaya Ward and 51 from the Sumida Ward) into the use of existing media and the Captain System revealed the following (figures are percentages):

(%)

		Public relations magazines	Handbooks published by local government	Leaflets and pamphlets	Public bulletin boards & posters	Neighborhood circulars	Captain System	No response
1)	Setagaya	37.5	26.4	13.9	2.8	4.9	4.2	10.4
	Sumida	37.3	27.5	17.6	-	2.0	2.0	13.7
2)	Setagaya	33.3	43.1	5.6	4.2	2.1	5.6	6.3
	Sumida	13.7	64.7	9.8	-	2.0	2.0	7.8
3)	Setagaya	33.3	36.8	7.6	5.6	2.8	6.9	6.9
	Sumida	17.6	49.0	9.8	3.9	3.9	3.9	11.8
4)	Setagaya	46.5	13.9	9.0	6.9	10.4	3.5	9.7
	Sumida	47.1	21.6	11.8	3.9	3.9	-	11.8
5)	Setagaya	43.1	10.4	11.8	2.8	6.9	2.1	22.9
	Sumida	43.1	15.7	11.8	3.9	-	7.8	17.6
6)	Setagaya	42.4	22.2	8.3	2.8	4.2	11.1	9.0
	Sumida	21.6	25.5	19.6	2.0	-	19.6	11.8
7)	Setagaya	39.6	16.0	11.8	4.9	5.6	5.6	16.7
	Sumida	39.2	17.6	15.7	-	7.8	3.9	15.7
8)	Setagaya	50.0	13.9	4.9	9.0	5.6	4.2	12.5
	Sumida	29.4	31.4	7.8	3.9	3.9	7.8	15.7
9)	Setagaya	41.7	9.0	24.3	2.1	2.8	13.9	6.3
	Sumida	27.5	11.8	29.4	3.9	-	13.7	13.7
10)	Setagaya	68.1	1.4	1.4	10.4	7.6	7.6	3.5
	Sumida	54.9	-	5.9	9.8	13.7	3.9	11.8

1) Application procedures and required documents.
2) Location of branch offices of local government, private companies, etc. and local representatives of national government.
3) Location of information offices for official business and counselling.
4) Deadlines and relevant addresses for submitting documents.
5) Inquiries regarding public works and other programs.

6) Opening hours and facilities available at public institutions.
7) Benefits, subsidies and public assistance.
8) Addresses and activities of community groups.
9) Local history and cultural assets.
10) Statistical material and publications.

4. The survey data on the use and popularity of the Captain System can be summarized as follows:

(1) The Captain System is not yet a major medium

(2) Nevertheless, it plays a significant role in providing information about local history and cultural assets and on public institutions and their role.

(3) The use of the Captain System for information about local history and cultural assets is almost equal in the two wards, but far more people use it in Sumida Ward than in Setagaya Ward to obtain information on public institutions and their roles.

5. Next respondents in each ward were informed of the programs available to meet their community and public service information needs.

(1) Community information programs for Setagaya Ward included:

a. The seasons in Setagaya

b. Walks in Setagaya

c. Museums and galleries in Setagaya

d. Places for group gatherings

e. Sports information

f. Guide for the handicapped

g. Disaster prevention

(2) Community information programs for Sumida Ward included:

h. Information on public services and institutions

i. Local government information offices

j. Personal counseling centers

k. Finance and benefits: how to obtain them

l. Places for group gatherings

m. Sports facilities guide

n. Disaster prevention for ward residents

o. Historic sites in Sumida

p. Pilgrimages to the Seven Gods of Good Luck

q. Guide to ward bulletins and publications

r. Sumida Ward (a statistical outline)

s. Ward residents' quiz

When asked which of these programs they would like to use in the future, interviewees gave the following replies:

Intended Use of Community Information Services

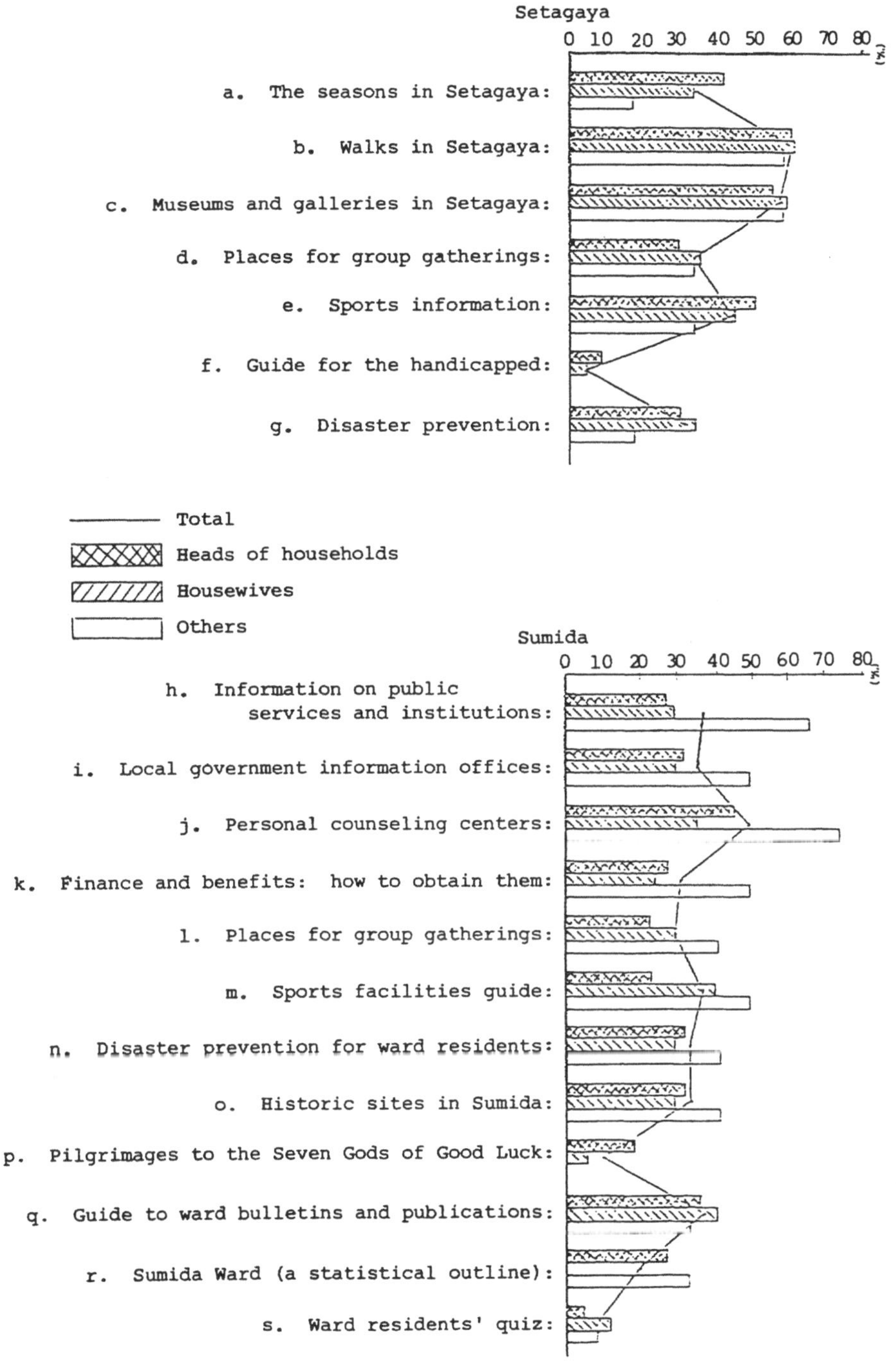

Setagaya

0 10 20 30 40 50 60 70 80 (%)

a. The seasons in Setagaya:

b. Walks in Setagaya:

c. Museums and galleries in Setagaya:

d. Places for group gatherings:

e. Sports information:

f. Guide for the handicapped:

g. Disaster prevention:

Total

Heads of households

Housewives

Others

Sumida

0 10 20 30 40 50 60 70 80 (%)

h. Information on public services and institutions:

i. Local government information offices:

j. Personal counseling centers:

k. Finance and benefits: how to obtain them:

l. Places for group gatherings:

m. Sports facilities guide:

n. Disaster prevention for ward residents:

o. Historic sites in Sumida:

p. Pilgrimages to the Seven Gods of Good Luck:

q. Guide to ward bulletins and publications:

r. Sumida Ward (a statistical outline):

s. Ward residents' quiz:

6. The graph shows that Setagaya Ward residents have high expectations of the Captain System in terms of cultural interests and leisure pursuits, served by the programs such as "Walks in Setagaya" and "Museums and galleries in Setagaya." In contrast the Sumida Ward residents rely more heavily on the system for daily needs, served by such programs as "Personal counseling centers" and "Information on public services and institutions." This tendency was also seen in paragraph 3 above, where the usage patterns of the ten media, including the Captain System, were indicated. Patterns of use of the other media reveal that Setagaya residents rely heavily on public relations magazines, while Sumida residents rely on a handbook published by local government. It should be pointed out here that while public relations magazines are read and thrown away, handbooks are much more likely to be kept and referred to in the future. This has a bearing on which source is thought to be the most useful for daily purposes and is reflected in user attitudes to Captain System information.

7. The table below shows answers to the question on whether public service information provided by the Captain System is desirable.

Attitudes toward Provision of Public Service Information by the Captain System by Ward and Category of Interviewee

	No. in sample	Very desirable	Desirable	Not very desirable	Totally undesirable	Undecided
Total	195	28.2	34.4	7.2	1.0	29.2
Setagaya	144	27.8	33.3	6.9	1.4	30.6
Heads of household	38	36.8	34.2	5.3	-	23.7
Housewives	94	26.6	34.0	8.5	2.1	28.7
Others	12	8.3	25.0	-	-	66.7
Sumida	51	29.4	37.3	7.8	-	25.5
Heads of household	22	18.2	40.9	13.6	-	27.3
Housewives	17	29.4	35.3	5.9	-	29.4
Others	12	50.0	33.3	-	-	16.7

8. The table above shows that about 60 percent of the interviewees regard information on local administration and community affairs as valuable, the percentage of positive attitudes being higher in the Sumida Ward than in the Setagaya Ward. The reasons for these views can be summarized as follows:

(1) Round-the-clock availability of information

Many interviewees cited the convenience of consulting the Captain System at any time information is required.

Availability at night, and during weekends and holidays is considered valuable.

(2) Complement to conventional media

Public relations magazines published by the government and official agencies are regarded as useful for only a limited time and are a nuisance to keep; handbooks are easier to keep but eventually become outdated. In this respect the Captain System is a convenient source of information, and complements the written media. The information is always available when needed, requires no files to be kept, and many people find its more detailed coverage advantageous.

(3) Centralizing information sources

Many respondents were conscious of being given the official "runaround" when they made inquiries at government offices; in contrast, the availability of information from a single source without leaving home was perceived as extremely valuable. However, there was dissatisfaction with the still inadequate amount of information on tax matters offered by the Captain System.

(4) Increased community awareness

It was thought that the Captain System would increase understanding of administrative and community affairs and strengthen solidarity among community residents.

9. In addition to the positive responses, important suggestions were given in the reasons for negative attitudes to Captain System services. Criticisms of the system included:

It's easier to read through printed matter at leisure than to obtain Captain System information from the television.

The Captain System gives all the required information on the television screen, but noting it down is tiresome.

Rather than pushing dozens of buttons, it is easier to make one phone call and ask for the information.

The cost of using the system has to be taken into account.

All these views are perfectly valid. Furthermore, the information provided by conventional television is free, which has led to the view, predominant among Japanese housewives, that television should be free. It should be noted that the survey analyzed and quoted above did not mention fees for the programs offered.

10. The Captain System is not the only new medium now being introduced in Japan: there is also cable TV, for example. Although there is great interest in all the new media, the economic and social conditions surrounding their introduction and use have to be studied further. As suggested by the

above survey results, we can expect services to become more uneconomical and inefficient in cost terms, if they are to meet increasingly specific and varied needs. Although we can expect cost efficiency to improve with wider use of optical fibers in these systems, studies have not yet shown that these savings will be able to offset increased costs.

Deutsche Kultur und Elektronische Textkommunikation

Eberhard Witte, München

In dem geographischen Bereich Mitteleuropas, in dem die deutsche Sprache gesprochen wird, besteht eine - im Vergleich zu anderen Ländern - besonders enge Beziehung zwischen Kultur und Textkommunikation. Jahrhundertelang war das Adjektiv deutsch nicht eine Bezeichnung für einen Staat oder ein Volk, sondern für eine Sprache und die mit ihrer Hilfe erzeugte Kultur. In diesem Sinne kann von einer deutschen Sprachkultur nicht nur im heutigen Deutschland (Ost und West) gesprochen werden, sondern auch in Österreich sowie in Teilen der Schweiz, Italiens, Frankreichs, Belgiens, Luxemburgs, Dänemarks und Rumäniens.

1. Die deutsche Schriftsprache

Die deutsche Sprache hat ihre Buchstaben- und Wortstruktur aus dem Lateinischen übernommen: Buchstaben werden zu Silben, Silben zu Wörtern, Wörter zu Sätzen und Sätze zu Textseiten zusammengefügt. Diese synthetische Struktur der Schriftsprache ist eine wesentliche Voraussetzung für die Realisierung moderner Systeme der elektronischen Sprachübertragung.

Im Gegensatz zu anderen Sprachen, die sich mit Vorliebe der Umschreibung eines Tatbestandes mit Hilfe von Adjektiven oder Verben bedienen, steht in der deutschen Sprache das Substantiv als Bezeichnung einer Sache, einer Person, einer Beziehung oder eines Zustandes im Vordergrund. Adjektive werden gern in das Substantiv einbezogen. Dadurch entstehen zusammengesetzte Wörter, die die deutsche Sprache zwar schwerfälliger machen, aber eine wesentlich höhere Präzision erreichen als Umschreibungen. Die deutsche Sprache wird deshalb als besonders geeignet angesehen, Gegenstände der Wissenschaft und der Technik zu bezeichnen.

Das Deutsche existiert als einheitliche Kommunikationsmöglichkeit nur in Form der Schriftsprache. Die einzelnen Stämme und Völker haben sich bis heute weitgehend ihre eigene gesprochene Sprache (als Dialekt oder sogar als anerkannte Hochsprache mit eigener Grammatik) erhalten. Der Bewohner einer Nordseeinsel kann sich mit einem Bergbewohner in den Alpen nur verständigen, wenn er sich der Schriftsprache bedient. Es wird deshalb auch gesagt, man "spricht nach der Schrift". Wenn jeder seinen Dialekt verwendet, der seine Muttersprache ist, können sie einander nicht verstehen. Die Sprache ist damit eine Infrastruktur der Verständigung. Auch nach der politischen Trennung zwischen Ostdeutschland (DDR) und Westdeutschland (Bundesrepublik Deutschland) ist die Sprache als gemeinsames Kulturgut erhalten geblieben.

Im Gegensatz zur Wortsprache ist das Zahlensystem von den Arabern übernommen worden. Während die römischen Zahlen schwer addierbar und kaum maschinell rechenbar wären, sind die arabischen Zahlen durch die strikte Einhaltung des Dezimalsystems und die Festlegung der Stellen für Einer, Zehner, Hunderter, Tausender etc. gekennzeichnet. Auch das Zahlensystem ist als wesentliche Grundlage der modernen technischen Kommunikation anzusehen.

Im Gegensatz zur übernommenen lateinischen Grammatik und zum übernommenen arabischen Zahlensystem verfügte die deutsche Schriftsprache bis zur Mitte unseres Jahrhunderts, also bis vor wenigen Jahren, über eigene Schriftzeichen, wie sie heute noch für Russen, Griechen und viele andere Kulturvölker existieren. Es handelte sich um Lettern altgermanischen Ursprungs. Goethe hat seine Werke unter Verwendung dieser alten Schriftzeichen geschrieben.

Ich habe sie noch in der Schule gelernt, wenn auch bereits parallel zu den lateinischen Schriftzeichen, die in der englischen Sprache und den romanischen Sprachen stets üblich waren. Mit dem Aufkommen der Schreibmaschine und der technischen Textkommunikation (Telex) wurde es als unvermeidlich angesehen, sich von den altdeutschen Schriftzeichen zu trennen.

2. Die gedruckte Schrift - eine deutsche Kulturleistung

Bis zum Ende des Mittelalters (16. Jhdt..n. Chr.) war die einheitliche Kultursprache aller Völker Europas das Lateinische. In den Klöstern und Universitäten, in denen die europäische Kultur entstand und vermittelt wurde, sprach und schrieb man ausschließlich lateinisch (allerdings unter Verwendung vieler altgriechischer Fremdwörter). Obgleich dann anschließend (beginnend mit dem 16. Jhdt.) die einzelnen europäischen Sprachen getrennt entwickelt wurden und damit die Vorteile einer einheitlichen Sprachverständigung zwischen allen Schreibkundigen aufgegeben wurden, blieb doch als Erbgut die präzische lateinische Grammatik erhalten, und zwar besonders in der deutschen Sprache: Subjekt, Prädikat und Objekt haben feste Plätze im Satzaufbau.

Das Bedürfnis nach einer eigenen Schriftsprache entstand mit der Entwicklung der Städte als organisierte Siedlungsplätze. In ihnen wohnte auch das einfache Volk, das nur seinen Dialekt als Muttersprache beherrschte, jedoch seine Stadtschreiber, Richter und Steuereintreiber verstehen wollte. Diese Entwicklung ist demnach als soziale Veränderung zu verstehen: Nicht mehr die Gebildeten untereinander wollten sich europaweit verstehen, sondern die Gebildeten und das Volk suchten eine gemeinsame, nun aber nicht mehr europaeinheitliche Sprache.

Dem Bedürfnis nach einer volkstümlichen Schriftsprache konnte erst entsprochen werden, nachdem die Massenfertigung von Papier (erste Papiermühle bei Nürnberg 1389) gelang und Johannes Gutenberg den Buchdruck mit Hilfe beweglicher Metallettern (1445 in Mainz am Rhein) erfand. Damit war die Voraussetzung zur modernen Massenkommunikation allerdings in Form der Printkommunikation, noch nicht der Telekommunikation, geschaffen.

Es folgten mit Hilfe der sich schnell ausbreitenden Buchdruckkunst, die allerdings von den Gebildeten damals heftig als moderne Teufelei bekämpft wurde, wesentliche Kulturleistungen:

- Franz von Taxis richtet 1516 zwischen Wien und Brüssel die erste öffentliche Poststrecke ein. Das System der reitenden und fahrenden Post wird von Thurn und Taxis im folgenden systematisch ausgebaut und damit eine Infrastruktur geschaffen, die einen zuverlässigen und schnellen Austausch individueller Nachrichten in Form von Briefen erlaubt. Die Struktur moderner Vermittlungsstellen der Telekommunikation (Sammlung an Knoten, Sortierung und Verteilung) folgt dem damals entwickelten Vorbild.

- Martin Luther übersetzt 1522 die Bibel in deutsche Sprache, wobei er sich - angesichts der vielen Dialekte - für eine Sprachversion (die sächsische Kanzleisprache) entscheidet.

- Erste Wochenzeitungen in Wolfenbüttel und Straßburg 1609:

  in Straßburg die "Relation Aller Fürnemmen und gedenckwürdigen Historien",

  in Wolfenbüttel der "Aviso Relation oder Zeitung".

  Tageszeitungen entwickelten sich Mitte des 17. Jhdts: erste bekannte Tageszeitung 1650 in Leipzig die "Einkommenden Zeitungen".

- Einführung der allgemeinen Schulpflicht mit der Ausbildung in der deutschen Schriftsprache ab 1619.

- Die Universitäten, die sich vorher weitgehend als Lateinschulen verstanden, gehen 1687 auch zum Lehren und Lernen in deutscher Sprache über.

- Konrad Duden veröffentlicht das "vollständige orthographische Wörterbuch der deutschen Sprache" 1880. Damit ist die "Rechtschreibung" allgemein verbindlich geregelt.

- Die Gebrüder Grimm studieren mündlich überlieferte Kindermärchen, Sagen und historische Erinnerungen und halten sie in der Schriftsprache fest. Damit ist die geschriebene Sprache nicht nur die Brücke zwischen den einzelnen Dialektinseln, sondern bietet auch die Möglichkeit, die überlieferten Kulturgüter aus der Vergangenheit zu retten und für die Zukunft zu sichern. Es zeigt sich erneut: Die Textkommunikation ist ein verbindendes Element innerhalb einer Kultur.

Einführung, Verbreitung und Lehre der deutschen Sprache waren wesentliche Voraussetzungen für die Entstehung eines deutschen Staates. Die Infrastruktur der gegenseitigen Verständigung machte es möglich, 1860 die deutschen Fürstenstaaten zu einem einheitlichen Wirtschaftsgebiet zu verbinden, daraufhin auch das Eisenbahnnetz als Infrastruktur des Transportwesens zu vereinheitlichen und schließlich 1871 die staatspolitische Einigung herbeizuführen (allerdings ohne Österreich). Es ist schwer zu sagen, ob die Entfaltung staatlicher Macht aus der bereits vorher entwickelten gemeinsamen Kommunikationsstruktur hervorging, oder ob sich diese dem Prozeß des staatlichen Zusammenwachsens anpaßte. Sicher ist jedoch, daß die Infrastruktur des Nachrichten-, Personen- und Güterverkehrs mit der wirtschaftlichen und staatlichen Integration zusammenhängt.

3. Die technische Textkommunikation

Die ersten Funksignale und Telegramme markierten den Weg in eine neue Form der "Schrift"-Sprache. Deutsche Ingenieure bauten bereits in der Mitte des 19. Jahrhunderts eine Telegraphenlinie von Europa nach Asien. Die Sprache wird nun nicht mehr mit der Hand geschrieben, auch nicht mehr mit Hilfe von mechanischen Lettern auf Papier gedruckt, sondern als elektrische Impulse übertragen. Sender und Empfänger mußten sich dabei eines Gerätes und einer gemeinsamen standardisierten Infrastruktur bedienen. Es entstand das Bedürfnis nach einer neuen Form des "Protokolls" gegenseitiger Verständigung. Mit der Errichtung des globalen Telefonnetzes entsteht eine grenzüberschreitende Infrastruktur, die zunächst für die gesprochene Sprache und später auch für die Übermittlung von Texten genutzt wird. Dabei ist es wichtig, eine Verbindung zuverlässig und schnell möglichst durch den Absender selbst aufzubauen. Die erste automatische Fernwählvermittlungsstelle wurde 1923 in Weilheim/Bayern in Betrieb genommen.

Der Schritt von der Sprachkommunikation zur Textkommunikation spiegelt sich in technischen Erfindungen und Entwicklungen wider. Der Telexdienst (Fernschreiben) ist eine deutsche Erfindung. Die erste Telexverbindung auf Postleitungen wurde 1928 hergestellt, der öffentliche Dienst für jedermann 1933 eröffnet.

Nach der schnellen Verbreitung der Computer in den fünfziger Jahren entstand ein stetig wachsender Bedarf nach Datenkommunikation zwischen den Computern sowie zwischen Peripheriegeräten und Computerzentralen. Obgleich der erste programmgesteuerte Computer (fast gleichzeitig mit dem ersten amerikanischen Computer) von Konrad Zuse 1941 erfunden wurde, ist doch infolge des Kriegsendes und seiner Nachwirkungen die Datenkommunikation im wesentlichen in den USA entwickelt worden. Immerhin ist bereits 1965 von der Deutschen Bundespost die Datenkommunikation als öffentlicher Dienst im Fernsprechnetz eingerichtet, 1967 ein eigenes Datenübertragungsnetz geschaffen und früher als in den meisten Ländern ein Paketvermittlungsdienst 1980 aufgenommen worden. Die europäische Integration spiegelt sich in dem gemeinsamen Dienst EURONET wider, das den Zugriff zu Datenbanken über die Grenzen der westeuropäischen Länder erlaubt. Anknüpfend an die britische Viewdata-Norm entwickelte die Deutsche Bundespost ein System von Bildschirmtextzentralen, das jederman den schnellen Zugriff auch zu weit entfernten, dezentral organisierten Textbanken erlaubt.

In jüngster Zeit wurde deutlich, daß ein modernes System der Textübertragung gebraucht wird, das die elektrischen Schreibmaschinen, die in sämtlichen Büros der Wirtschaft und der öffentlichen Verwaltung vorhanden sind, miteinander verbindet. Anknüpfend an die Pionierfunktion im Bereich des Fernschreibens (Telex) ist in Deutschland das System Teletex entwickelt worden. Nach seiner Standardisierung durch die CCITT ist diese moderne Form des Bürofernschreibens in schneller Ausbreitung befindlich. Im Unterschied zu den USA, in denen die elektronische Textkommunikation aus der Datenkommunikation heraus entwickelt wird, also geschlossene Kreise einzelner Datensysteme über Gateways und Compiler miteinander verbunden werden, sieht Teletex von vornherein ein Gesamtsystem vor, das für jedermann in standardisierter Weise verfügbar ist. Hier wird durch die moderne elektronische Textkommunikation dieselbe verbindende Wirkung erreicht, die für die geschriebene und gedruckte Schriftsprache bereits seit Jahrhunderten charakteristisch ist: Textkommunikation erlaubt die Verständigung zwischen allen Menschen innerhalb einer Kultur. Für den Bereich der elektronischen Textkommunikation gilt dies sogar überkulturell weltweit. Es entsteht eine neue umfassende Kommunikationskultur.

German Culture and Electronic Text Communication

Eberhard Witte, München

In the German-speaking regions of Europe the literary language can point to a long tradition which goes back to Greek and Roman Antiquity (the centuries just before and after the birth of Christ). The main constituents of this written literary tradition are

- the synthetic structure of the literary language: with the letters of the alphabet we form syllables, with syllables words, with word sentences and with sentences we construct the complete text.
- In contrast to the spoken language, the numerical system was taken over from the Arabs. Whereas the Roman numerals can only be added with difficult and can hardly be computed by machine, the Arabic numerals are characterized by their strict adherence to the decimal system and their allocation of a fixed position to ones, tens, hundreds, thousands and so on.
- Until the close of the Middle Ages (16th century A.D.) the language of culture in Europe was Latin. This meant that the clearcut grammar of the Latin language has become part of the heritage of cultured thinking in Central Europe. Subject, predicate and object are assigned fixed positions in the sentence structure.
- With Luther's translation of the Bible, German, which was until then used in a variety of regional dialects and mainly as a spoken (i.e. not written) language, became a literary language, too.
- The invention of the art of printing by the German Johannes Gutenberg made it possible to reproduce texts in large numbers. Before then anything written was produced by hand, was often, indeed, practically painted. With the products of the printing press it was now possible to reach the general public, whereas previously written works were the preserve of an academic public (mainly monks).

The German literary language occupies a special place among the languages of Europe, probably because the art of printing was invented in Germany. Whereas in the various regions and localities of Germany distinctive dialects are used in the language of speech, the literary language unites all Germans, and, beyond the national borders, all German-language speakers in Austria, Switzerland, France, Belgium, Luxembourg and Denmark. Even after the political division of Germany into East and West, the language has still remained a common cultural asset.

The emphasis on the written language in German is also reflected in German technical inventions and developments. The telex service is an invention of German industry and was introduced in Germany, the first country in the world to adopt it, in 1933. Again, when a few years ago a new need arose for a modern system of text communication, it was German industry which met it by developing Teletex. In contrast to the USA where electronic text communication evolved out of data processing, that is the closed circles of the individual data systems were linked via gateways, Teletex was conceived from the very outset as an overall system which is available to everybody in a standardized form. Here once more we see a reflection of the same situation which is valid for the German written language: text communication unites all the people and institutions of a common cultural environment.

New Media Policy in Japan

Tetsuro Tomita, Tokyo

The New Media Policy in the Japanese Government's Policy Framework

Under the existing system of rules and regulations including the Public Telecommunications Law, Wire Broadcasting and Telephone Law, Cable Television Law, information medium has been defined as one of the public utilities. If the ways and means of legal framework remain under the same condition, new information media will also become an object of such traditional public utilities rules and regulations.

Nonetheless, at the stage where the new medium has not yet emerged as a concrete social reality or in other words, in its infant stage, the government may adopt a policy to form guidelines for cultivation of adequate environment for the accelerated growth in the future. One policy option which had been frequently taken in the past was promotional and supportive policy by government intitiative and financial incentives with a view to the media's usefulness to the society in general. However, this policy option has gradually become diminished based upon the current situations such as tight financial constraints faced by the government, inherent anxieties about the possible intervention by the government in the control of information content and the difficulties of the selection of the applicable medium as a target of the said promotional policy.

In the context above and generally speaking, the government policy for the new media will be limited to the formation of administrative guidelines.

Policy Backgrounds Regarding the Conventional Telecommunications Media

Domestic public telecommunications services in Japan had been monopolized by the Government of the State, itself, until 1952 and by the Nippon Telegraph and Telephone Public Corporation (NTT) since 1957.

Liberalization of the terminals (CPE) and use of circuits has been gradually introduced and implemented. For example, connection of customer provided PBX and additional telephone to the main telephone line was permitted in 1969. Liberalization of CPE except for the main telephone terminal was attained in 1972.

In 1971, the revision of the Public Telecommunications Law made it possible to transmit data for processing by computers via the public switched telephone network and moreover, in October 1982, nearly total liberalization of circuit utilization for data processing was accomplished through the broad deregulation of the remaining conditions rerating to shared use and third party use of leased circuits. At the same time, it authorized introduction as a temporary measure provision of value-added communications services by utilizing circuits leased from NTT by specific groups of medium or small scale enterprises.

The reason why the initial carrier, i.e. the common carrier who owns telecommunications facilities and offers public services had been formed as a monopoly may probably have been because it was necessary to concentrate the nation's effort and divert the financial and other resources to construct the telecommunications network and to expand its coverage. The telecommunications network was actually regarded as being one of the most important items of the social and economic infrastructure. The long sought goal of many years — "elimination of the telephone waiting list" and "automatic direct distance dialing throughout the country"--was achieved in 1979. Telecommunications in Japan have thus shifted from a period of quantitative expansion to one of qualitative improvement. The accomplishment brought about the situation where it is no longer necessary to maintain the initial carrier's monopoly and reached the stage where it is rather necessary to have competitive orientations and vitalizing of the whole telecommunications structure. The trend goes further and in 1984 the Public Telecommunications Law will be overhauled and revised to assure entry of new enterprises into the telecommunications market. The new government policy will definitely contribute to enhance the development of the various new media in Japan.

Broadcast-related Media and its Policy Background

The year 1950 was epoch making in Japan and well remembered by the broadcasters. Commercial broadcasters joined the service in addition to the Nippon Hoso Kyokai (NHK: Japan Broadcasting Corporation) which was then the sole broadcasting entity. Television broadcasting started in Japan in 1953. Thereafter, broadcasting in Japan was offered in coexistence by NHK, a public corporation and by commercial broadcasters, and interaction and competition of the two systems contributed to the betterment of program quality and elimination of areas in the country which had experienced poor reception.

Currently the NHK operates two television channels, two medium wave radio channels and one VHF (FM) radio channel nationwide. Private broadcasters operate four television channels, one medium wave channel and rapidly expanding FM radio channels. The broadcast networks in

Japan are approaching the saturation point and the limitation of the frequency resources bars the newcomer's entry into the broadcasting business. It will not be an exaggeration to comment that satellite broadcast is the only area which offers the possibility of entry by new entrepreneur's.

On the other hand, wire broadcasting does not have any considerable limitations. Wire broadcasters in the "downtown" sections of the metropolitan areas in Japan, the so-called "music supplies", are very prosperous. They use metallic pair cables as a medium. There were no legal restrictions whatsoever to the new entry into the wire broadcasting business even before the establishment of the Cable Television Law which was enacted in 1972. Moreover, two way application of cable television for the use of private dedicated telecommunications circuits was drastically deregulated and there exists no hindrance at all to the two way usage of CATV.

From Multi-purpose CATV Experiment to Teletopia Project

In the seventies, while being influenced by the rapid growth of CATV systems in the United States, the development of the cable television systems in the cities was also in a growing trend. As is well publicized, the Tama New Town Cable Television Experiment was initiated by the Ministry of Posts and Telecommunications during the period of 1976 and 1980 with the participation of 1,000 households. Although this multi-purpose CATV experiment met with many difficulties in bringing the experiment to an operational level, mainly because the introduction of the pay TV concept was not economically viable in Japan where wireless broadcasting services already were well propagated. However, from a different angle, the CATV experiment was regarded to be successful since it provided the first testing fields for the prototype teletext and videotex systems. The merits of new services such as home printers and security services were well accepted by the monitoring households.

Based on the experience of the assessment of the multi-purpose CATV, The Ministry of Posts and Telecommunications recently launched the Teletopia Project which will combine multi-purpose CATV, CAPTAIN (Japan's videotex), INS (NTT's Information Network System or the Japanese version of ISDN). About ten pilot sites will be selected, to cover and to be distributed fairly in Japan, to construct the future oriented communications model cities or towns.

Development of Videotex System

The CAPTAIN system, Japan's videotex system was developed in 1979 and initial testing started in the same year. Second stage experimental service began in 1981 with the participation of 1,500 monitoring households. The accumulated number of picture frames surpassed two hundred thousand and new services such as closed user group service, gateway service, background music service and expansion into other function were smoothly put on trial. Introduction of the hybrid transmission system combined together with pattern transmission and code transmission will soon be implemented and regular commercial operation is scheduled to start in November 1984.

Facsimile, Teletex and Personal Computer Communication

Japan's written language characteristics, that is, the use of ideographic characters of kanji (Chinese characters) and use of 4,000 kanji in daily life, can be regarded as a basis for the accelerated use of facsimile. The telephone tariff structure whereby the long distance charges are very high and charges for intra-city calls comparatively low (the ratio between the long distance and city calls was 72 to 1 and the ratio was adjusted again in 1983 to become 40 to 1 by the reduction of long distance telephone charges) also contributed to wide use of high speed G-II and G-III facsimile terminals.
NTT started a Mini-fax service in September 1981 and this facsimile service benefits from the introduction of quasi-flat rate service for mini-fax nationwide.

Now word processors which can handle the ideographic characters are widely and massively introduced into the society. Teletex, standardization of which is under consideration by the CCITT, will be the next conspicuous actor in the market and the currently popular word processors will soon be equipped with the function of teletex. In the coming decade, high class personal computers with the word processors and teletex functions will be freely and widely used in Japan, and will configurate a most sophisticated intelligent network.

Future of Electronic Mail

The Ministry of Posts and Telecommunications started an experimental electronic mail service in 1981. This service employs facsimile type service. High speed facsimile tranceiving equipment has been installed at fourteen post offices. Introduction of ECOM (Electronic Computer Originating Mail) is also under consideration and it is hoped that the experimental service will help to determine demand levels and other economic factors. The future of the electronic mail service may be closely knitted with the fate of telegram service in Japan. Telegrams nowadays are mainly services for the delivery of congratulatory or condolence messages. Decision making for the electronic mail system is one of the acute problems faced by the Ministry of Posts and Telecommunications.

Operational Voice Multiplexed Broadcasting

In 1979 experiments for the stereophonic or billingual multiplex audio broadcast were started and the broadcasters were authorized in 1981 to double audio channels freely, if the multiplexing is complementary to the main television program. Operational audio multiplexing stations have been licensed since 1982. This may not considerably contribute to the income level of the broadcasters, however, it is regarded that the new technology greatly contributed to betterment of the program content.

Teletext Development and its Legal Framework

As in the case of the videotex system, transmission of kanji characters is one of the most important requirements and technical standard for the pattern transmission was firstly established. It is expected that the NHK will start teletext broadcast in October 1983. The standard for the code transmission mode will also established in 1984 and a hybrid standard will also put into operation in the near future. In consideration of the impact and coverage of teletext broadcasts, and to maintain the diversified mass communications structure, the Broadcast Law was revised in 1982 to secure the third party's new entry for the use of the subscarrier as a teletext broadcaster independent from the existing television broadcasters.

Broadcast Satellite Channels Allocation Plan

Operational broadcast satellite BS-2 is now scheduled to be launched in 1984. The BS-2 satellite's capacity is limited to transmission of two television channels and only the programs of NHK will be serviced by this satellite. The effect will be to eliminate malreception areas, for instance at the remote islands, however this type of use of the broadcast satellite serves only as a compement to the existing network and will not be a significant contributing factor to the existing broadcasting institutional order in Japan. The crucial issue will definitely be raised at the time of the launch of the BS-3 satellite, which will have four television channels. While two channels will remain dedicated to the NHK's use, two additional channels will become open to the private broadcasters. Harmonious coexistence of the new broadcasting media with the existing commercial broadcasting which already forms dense terrestrial network coverage is expected. To this end, satellite broadcasting in Japan may adopt a different mechanism of programming and/or different means of securing income, for instance, not by the advertisement fees but by the sale of pay television.

The Future of the New Package Media

Eyes have been focused for these decades on the size and scale of the information market to be provided by the videotapes and videodiscs. This is a completely free market without any regulatory intervention by the government.

The package media may compete substantially with the broadcast media. It is true that the sales of the videotape players are booming and the use of the players is mainly to record broadcast programs but not necessarily to play the video packages available in the market. It seems that the future of the new package media is dependent on the price of the videopackage and the orderly development of the sales mechanism of the video package market.

Video Response Service, High Definition TV, and Future-oriented Media

The NTT continues its development efforts on the video response service (VRS) which will make it possible to provide the video packages on the wideband switching network in an interactive mode. The Wide-band switching network will sooner or later become technically feasible in concert with the development of the ISDN network, however the success of the VRS may depend on the economic factor of whether the price of the videopackage can be sufficiently reduced to stimulate the demand.

A similar statement can be applicable to the high definition TV which is now under development by the NHK's Technical Laboratory. The high definition TV picture, itself, will attract the demand of the consumers, but additional costs for the new equipment on the broad-casters' side and for high priced receivers, which may be ten times more expensive than the conventional ones, will remain the most important development barriers to be solved.

Color television sets and telephones were in the hands of the rich and privileged only some decades ago. Luxuries in the past are now ordinary household items. The same forecast in the same manner will be applied to the future-oriented new media? If the success story of the new media will be reviwed again, it would be at or toward the turn of the twenty-first century.

Einführungsstrategien der Deutschen Bundespost

Theodor Irmer, Darmstadt

Die Deutsche Bundespost (DBP) betreibt gegenwärtig mehrere Fernmeldenetze, deren Leistungsmerkmale die verschiedenen Anforderungen der Fernmeldedienste optimal erfüllen. Das Fernsprechnetz ist das größte dieser Fernmeldenetze und dient auf Grund seiner Eigenschaften sowohl der geschäftlichen wie auch der privaten Kommunikation. Das integrierte Datennetz (IDN) für Fernschreib- und Datendienste ist dagegen fast ausschließlich auf die Anforderungen der Geschäftskommunikation ausgelegt; in ähnlicher Weise erfüllt das paketvermittelte Datennetz im besonderen die Forderungen der schnellen Datenübertragung.

Neue Textkommunikationsdienste wird die DBP daher in demjenigen Fernmeldenetz einführen, in dem die Leistungsmerkmale möglichst vollständig und kostengünstig angeboten und damit viele potentielle Teilnehmer erreicht werden können. Für die Textkommunikationsdienste in den verschiedenen Fernmeldenetzen werden sich damit zwangsläufig verschiedene Einführungsstrategien ergeben, über die im Vortrag berichtet werden wird.

Eine interessante Weiterentwicklung der verschiedenen "dienstspezifischen" Fernmeldenetze zu einem einzigen umfassenden "dienstintegrierten" Fernmeldenetz stellt das Konzept des "Integrated Services Digital Network" (ISDN) dar. Das ISDN wird - auf der Basis des digitalen Fernsprechnetzes - auch Textkommunikations- und Datennetze zunächst bis zu 64 kbit/s (und später auch Vielfache von 64 kbit/s) anbieten können. Die DBP hat auch für den Übergang zum ISDN unter Berücksichtigung aller Fernmeldedienste eine Strategie entwickelt, deren Darlegung den Vortrag abschließt.

Anmerkung

Die Langfassung des Vortrages lag bis zum Redaktionsschluß nicht vor. Interessenten werden gebeten, sich direkt an den Referenten zu wenden.

Implementation Strategies of the German Federal Postal Administration

Theodor Irmer, Darmstadt

At present the German Federal Postal Administration operates a number of telecommunications networks, the performance features of which optimally meet the requirements of the telecommunications services. The telephone network is the largest of these networks and, on the basis of its special characteristics, serves both business and private communication needs. In contrast, the Integrated Data Network (IDN) for the teleprinter and data services meets almost exclusively the needs of business communication; in a similar way the packet-switching data network fulfils primarily the demands of rapid data transmission.

Accordingly, the German Federal Postal Administration will introduce new electronic text communication services in that network which makes it possible to offer the performance features both as completely as possible and also at the most favourable price, and which will also enable a large number of potential subscribers to be reached. Inevitably therefore there will be different implementation strategies for the text communication services via the various telecommunications networks and these are reported on in the paper.

The concept of the "Integrated Services Digital Network" (ISDN) represents an interesting further development of the various "service-specific" telecommunications networks in the direction of a single comprehensive "service-integrated" telecommunications network. ISDN will be able, on the basis of the digital telephone network, to offer text communication and data networks at first up to 64 kbits/s (but later also to multiples of 64 kbit/s). The paper closes by recounting the strategy developed by the Federal Postal Administration for the transition to ISDN, while paying due regard to all telecommunication networks.

Schlußwort

Eberhard Witte, München

Ich möchte diese Fachkonferenz mit einigen persönlichen Eindrücken abschließen, die ich aus der Gesamtheit der bisherigen deutsch-japanischen Seminare gewonnen habe.

In diesen vier Veranstaltungen hat in mehrfacher Hinsicht eine deutliche Entwicklung stattgefunden: Angefangen haben wir mit der Vorstellung und Diskussion von Ideen, dann konnten Entwürfe, später Laborgeräte und schließlich funktionsfähige Systeme gezeigt werden.

Auch wir selbst haben uns bei der Beschäftigung mit diesen Dingen geändert. Zunächst galt unsere Aufmerksamkeit den technischen Systemen, für die Anwendungen gefunden werden sollten, dann der Frage nach der wirtschaftlichen Realisierung, der monetären, aber auch der zeitlichen Akzeptanz und schließlich den politisch brisanten sozialen Auswirkungen. Diese Problemfelder wurden so diskutiert, als ob die Möglichkeit bestünde, die Einzelfragen isoliert abzuarbeiten.

Zu Anfang suchten wir perfekte Lösungen und diskutierten bereits deren sozialökonomische Wirkungen. Wir haben dann begonnen, die neuen Techniken auszuprobieren. Dabei stellte sich oft heraus, daß die allererste Version nicht auf die Bedürfnisse der Praxis zugeschnitten war, und daß viele ursprüngliche Vorstellungen - angefangen bei den Inhalten bis hin zum Benutzerkreis - von der Realität korrigiert wurden. Erst in diesem Prozeß wurden die vielfältigen Probleme erkannt und die Entwicklung von tragfähigen Lösungen ermöglicht.

In den vier Seminaren in Bonn, Berlin, Tokio und München entstand durch unser eigenes Verhalten eine "lernende Innovation". Insofern haben wir uns anders verhalten, als es Ideologen zu tun pflegen. Diese verfügen stets über eine fertige Welt, die genauso wenig lernfähig ist wie die ideologische Position selbst. Das ist es, was an den viel zitierten Utopisten wie Orwell oder Huxley neben der bewundernswerten schriftstellerischen Leistung auffällt: In diesen Büchern ist eine furchtbare, aber eine rein statische Welt abgebildet, die dadurch als unwirklich entlarvt ist, da sie die einzige Welt ist, die sich nicht verändert.

Wir konnten erfahren, daß sich kaum etwas so entwickelt, wie es ursprünglich geplant war, wenn man in die Praxis der Innovation einsteigt. Dieser Entwicklung Rechnung tragen konnte nur der, der bereit war, lernfähig und ergebnisoffen zu bleiben und nicht rechthaberisch das letzte Wort behalten wollte. Insofern ist dieses vierte Seminar eben auch nur eines in einer Kette von Veränderungen, also kein außergewöhnliches, aber ein notwendiges Glied der Entwicklung.

Wenn bei unserer Veranstaltung etwas Neues in den Blickwinkel gerückt wurde, so ist es wohl der Begriff der "Strategie"; "Akzeptanz" klingt im Gegensatz dazu statisch. Es entspricht eben nicht der Realität, daß eine Innovation als Ganzes angenommen oder abgelehnt wird, sondern hier läuft ein Prozeß ab, den man dynamisch, fragend, mit Bereitschaft zu Änderungen selbst gestalten kann.

Undnoch etwas ist deutlicher geworden als bei den vorigen Seminaren, nämlich die notwendige Bewährung auf einem "Markt". Die Fachleute lieben ihre Produkte ohnehin, schließlich haben sie sie ja entwickelt. Ob die Systeme aber großzahlig in der Wirklichkeit eingesetzt werden, darüber entscheiden nachher die vielen kritischen und zunächst uninformierten Benutzer.

Die Diskussion über einen Entwurf, mag er auch noch so phantasievoll sein, kann einfach nicht dieselben Erkenntnisse bringen wie eine praktische, durch Forschung begleitete Erprobung. Deshalb war es besonders wertvoll, daß es unseren japanischen Freunden gelungen ist, ihr Captain-System aus Tokio via Satellit vorzuführen und nicht etwa nur vom Videorecorder. Mein Dank gilt Captain, NTT, KDD, den verschiedenen Ministerien und der Deutschen Bundespost, die durch vielfältige Kooperationen an dieser Vorführung mitgewirkt haben.

Ganz besonders freue ich mich, daß auch bei dieser Veranstaltung das wichtigste wieder die persönliche Begegnung war. Für diese in Jahren der wachsenden Freundschaft entstandene Atmosphäre der Diskussion, in der man sich so viel Kritik offen entgegenbringen kann, möchte ich mich ganz besonders herzlich bedanken.

Zum Schluß danke ich all denen, die an der Gestaltung unseres Seminars mitgewirkt haben, an der Spitze Herr Lämmle, der federführend für die Organisation und in Zusammenarbeit mit Herrn Komatsuzaki für die inhaltliche Gestaltung dieses Seminars verantwortlich war. Viele andere haben sich in bewährter Zusammenarbeit persönlich engagiert, um die einzelnen Persönlichkeiten, insbesondere die Referenten, unter der kultivierten und distanzierten Leitung von Prof. Hayashi zusammenzuführen. Unterstützt wurde die inhaltliche Gestaltung durch die Geschäftsführung und das Sekretariat des MÜNCHNER KREISES sowie durch das Institut für Rundfunktechnik, das uns diese Räume zur Verfügung gestellt und sich wieder einmal als außerordentlich funktionstüchtig erwiesen hat.

Danken möchte ich zuguterletzt den Mitveranstaltern, dem Ostasien-Institut, der Gesellschaft für Mathematik und Datenverarbeitung und dem Heinrich-Herz-Institut. Ich darf damit die Veranstaltung schließen.

Closing Address

Eberhard Witte, München

I should like to close this symposium with some personal impressions I have gathered from the German-Japanese seminars we have so far held seen as a whole.

In the four seminars so far there has been a distinct development: we began by presenting and discussing ideas; we proceeded then to plans, moved on to tests under laboratory conditions; finally, we came to systems in actual operation.

In our occupation with these elements we have ourselves also been subject to change. We turned our attentions first to technical systems for which the applications were yet to be found, then to their economic realization, to their acceptance in respect both of time and outlay, and finally to the politically critical matter of their social effects. This complex of problems was treated in such a way as if the individual subjects could be dealt with in isolation from one another.

At the outset we were seeking perfect solutions and were already discussing their socioeconomic effects. Next we put the new technologies to the test. In the process it turned out that the initial version was simply out of touch with everyday reality; many of the original conceptions -- beginning with questions of content and finishing with the circle of users -- were corrected by reality. It was only at this stage that the diversity of the problems was recognized and the development of down-to-earth solutions became possible.

In the four seminars in Bonn, Berlin, Tokyo and Munich our own conduct and changing attitudes gave birth to "instructional innovation". In this respect we have not been acting in the way typical of ideologists. Their world is flawless and just as incapable of receiving new ideas as their ideology. This is what strikes one when reading oft-quoted Utopians like Orwell and Huxley, leaving aside their undeniable literary achievements: in their works they portray a world which is not only frightening but static, and it is this latter point which exposes it as unreal because it is the only world that knows no change.

We were permitted to make the experience that hardly anything develops as originally planned when innovation is put into practice. Only those could draw benefit from this development who were ready to learn and to accept findings impartially and who did not always want to have the last dogmatic word. Seen from this viewpoint, this fourth seminar is only one in a chain of change and accordingly no extraordinary but a necessary link in the process of development.

If there is a new element our sights were focussed on during this seminar then it was the notion of "strategy" -- in contrast "acceptance" has something static about it. It is out of tune with reality if an innovation is accepted or rejected as a whole; there is a process taking place that we can shape ourselves, dynamically, inquiringly, with a readiness to exchange views.

Yet another point has been brought into focus here more clearly than at previous seminars, namely the need to face the demands of the "market". Specialists are enamoured of their products anyway - after all they developed them. However, the decision whether they will be translated into reality in large numbers or not lies in the hands of the many critical but, at first at any rate, uninformed users.

Discussing a project, no matter how imaginatively, just cannot bring the same conclusions as a practical test with concomitant research. This is why it was of such particular value that our Japanese colleagues were able to demonstrate their CAPTAIN system not merely with the aid of a videorecorder, for example, but via satellite. I should like to express my thanks here to CAPTAIN, NTT, KDD, the various ministries and the German Postal Administration whose manifold cooperativeness made that demonstration possible.

And I am especially pleased once again that it was the personal contacts which again constituted the most important element in this seminar. I am deeply grateful for the amicable working atmosphere, the fruit of years of growing friendship, which so furthers constructive criticism.

Finally, my thanks are due to all those who have contributed towards making this seminar possible and in particular to Mr Lämmle who bore the overall responsibility for the organization of this seminar and also, in cooperation with Mr Komatsuzaki, for the thematic shape of the seminar. In that well-tried spirit of cooperation a great many others have played a personal part in bringing together such a variety of people to take part in the seminar, above all those who have read papers here, under the cultured and detached guidance of Prof. Hayashi. The thematic shape that the seminar took was also the work of the management and secretariat of the MÜNCHNER KREIS and of the Institut für Rundfunktechnik, which placed these rooms at out disposal and proved once again its exceptional efficiency.

Last but by no means least, I should like to thank the coorganizers of this seminar, the Ostasien-Institut, the Gesellschaft für Mathematik und Datenverarbeitung and the Heinrich-Hertz-Institut. With that I should like to officially close this seminar.

Liste der Autoren

List of the Authors

Dipl.-Volksw. Falk von Bornstaedt
Gesellschaft für Mathematik und Datenverarbeitung mbH
Postfach 12 40
Schloß Birlinghoven

5205 St. Augustin 1

Eric Danke
Bundesministerium für das Post- und Fernmeldewesen
Postfach 80 01

5300 Bonn 1

Prof. Yujiro Hayashi
Vice-Chairman
Institute for Future Technology
The Toyota Foundation
Shinjuku Mitsui Building 37 F
2-1-1 Nishi-Shinjuku - Shinjuku-ku

Tokyo 160 - Japan

Dipl.-Ing. Theodor Irmer
Fernmeldetechnisches Zentralamt
der Deutschen Bundespost - PDVÜ
Postfach 5000

6100 Darmstadt

Seisuke Komatsuzaki
Research Institute of Telecommunications and Economics
2-29-5, Nishi-Gotanda, Shinagawa-ku

Tokyo 141 - Japan

Prof. Dr. Ulrich Messerschmid
Institut für Rundfunktechnik GmbH
Floriansmühlstr. 60

8000 München 45

Hirohito Nakajima
Visual Communication Division
Engineering Bureau
Nippon Telegraph and Telephone Public Corporation

Tokyo - Japan

Yasutaka Numaguchi
Nippon Hoso Kyokai 2
2-2-1 Jinnan, Shibuya-ku

Tokyo - Japan

Adalbert Rohloff
Bildschirmtext-Anwender-Vereinigung
Hardenbergerstr. 16 - 18

1000 Berlin 12

Prof. Dr. Dietrich Seibt
Universität Essen - Fachbereich 5
Universitätsstr. 2

4300 Essen 1

Diskussionsleiter

Session Chairpersons

Tetsuro Tomita
Deputy Director General
Telecomm. Policy Bureau
Ministry of Posts and
Telecommunications
1-3-2 Kasumigseki, Chiyoda-ku

Tokyo 100 - Japan

Prof. Dr. Dres. h. c. Eberhard Witte
Institut für Organisation der
Universität München
Ludwigstr. 28 Rgb.

8000 München 22

Prof. Dr. Jan Tonnemacher
Heinrich-Hertz-Institut für
Rundfunktechnik Berlin GmbH
Einsteinufer 37

1000 Berlin 10

Masanori Yamamoto
Staff Researcher - Sales Planning Div.
The Seibu Dept. Stores, Ltd.
3-1-1 Higashiikebukuro
Toshima-ku

Tokyo 170 - Japan

Diskussionsleiter / Session Chairpersons

Prof. Yujiro Hayashi
Vice-Chairman
Institute for Future Technology
The Toyota Foundation
Shinjuku Mitsui Building 37 F
2-1-1 Nishi-Shinjuku - Shinjuku-ku

Tokyo 160 - Japan

Alois Osterwalder
Ostasien-Institut e. V.
Kapellenstr. 44

5300 Bonn 1

Dipl. -Ing. Walter Lämmle
MÜNCHNER KREIS
Barerstraße 14

8000 München 2

Teilnehmer an der Podiumsdiskussion

Participants in the Panel Discussion

Moderator:

Prof. Dr. Norbert S z y p e r s k i
Gesellschaft für Mathematik und
Datenverarbeitung mbH
Postfach 12 40

5205 St. Augustin

Teilnehmer:
Panel Members:

Eric D a n k e
Bundesministerium für das
Post- und Fernmeldewesen
Postfach 80 01

5300 Bonn 1

Prof. Yujiro H a y a s h i
Vice-Chairman
Institute for Future Technology
The Toyota Foundation
Shinjuku Mitsui Building 37 F
2-1-1 Nishi-Shinjuku - Shinjuku-ku

Tokyo 160 - Japan

Seisuke K o m a t s u z a k i
Research Institute of Telecommunications
and Economics
2-29-5, Nishi-Gotanda, Shinagawa-ku

Tokyo 141 - Japan

Yasutaka N u m a g u c h i
Nippon Hoso Kyokai 2
2-2-1 Jinnan, Shibuya-ku

Tokyo - Japan

Alois O s t e r w a l d e r
Ostasien-Institut e. V.
Kapellenstr. 44

5300 Bonn 1

Dr.-Ing. Jürgen S e e t z e n
Heinrich-Hertz-Institut für
Nachrichtentechnik Berlin GmbH
Einsteinufer 37

1000 Berlin 10

Tetsuro T o m i t a
Deputy Director General
Telecomm. Policy Bureau
Ministry of Posts and
Telecommunications
1-3-2 Kasumigseki, Chiyoda-ku

Tokyo 100 - Japan

Telecommunications

Veröffentlichungen des/Publications of the Münchner Kreis
Übernationale Vereinigung für Kommunikationsforschung
Supranational Association for Communications Research

Band/Volume 6

Kommunikation über Satelliten Communication via Satellites

Vorträge des am 23./24. Oktober 1980 in München abgehaltenen Kongresses
Proceedings of a Congress Held in Munich, October 23/24, 1980
Herausgeber/Editors: **W. Kaiser, U. Lohmar**
1981. XIV, 219 Seiten (47 Seiten in Englisch)
DM 58,-. ISBN 3-540-10751-7

Mit diesem Kongreß, der diesem Band zugrunde liegt, wollte der Münchner Kreis über die aufsehenerregenden neuen Möglichkeiten der Satellitenkommunikation und deren Nutzungsformen unter möglichst vielen Gesichtspunkten informieren und einen Beitrag zur Klärung der noch offenen Fragen leisten. Da die Referate in deutscher oder in englischer Sprache, jeweils mit Simultanübersetzung, vorgetragen wurden, ist auch dieser Band weitgehend zweisprachig gestaltet. Jedem Vortrag in deutscher Originalfassung ist eine gekürzte Darstellung in englischer Sprache beigefügt und umgekehrt.

Band/Volume 7

Telekommunikation als Berufschance Professional Changes in Telecommunications

Vorträge des am 19./20. April 1982 in München abgehaltenen Kongresses
Proceedings of a Congress Held in Munich, April 19/20, 1982
Herausgeber/Editor: **W. Kaiser**
1982. XV, 348 Seiten
DM 68,-. ISBN 3-540-11726-1

Die innovative Kraft der Telekommunikation wirkt sich nicht nur in der Technik, sondern auch in der Berufswelt aus. Davon sind Ingenieure der Informationstechnik, im Bereich der elektronischen Medien tätige Journalisten und andere Medienberufe gleichermaßen betroffen.
Der Münchner Kreis behandelt mit diesem Kongreß die heutige Berufssituation, sammelt Aussagen zur weiteren Entwicklung des Bedarfs und zeigt berufliche Chancen für die Zukunft auf. Die Telekommunikation und im weiteren Sinne die Informationstechnik eröffnen nicht nur Möglichkeiten für wirtschaftliches Wachstum und neue Arbeitsplätze, sondern bedingen auch neue oder zumindest stark veränderte Berufsbilder.

Band/Volume 8
W. Kaiser

Interaktive Breitbandkommunikation

Nutzungsformen und Technik von Systemen mit Rückkanälen

Unter Mitarbeit von H. Armbrüster, H. G. Bauer, K. Brepohl, J. Gerlach, H. T. Hagmeyer, L. J. Issing, H. Knüttel, H. Krahmer, W. Kurz, P. Mahnkopf, R. Schnee, R. Scholz, W. J. Thurl, W. Tinnefeldt, G. Vogt, M. Welzenbach, B. Wiest
1982. IX, 192 Seiten
DM 48,-. ISBN 3-540-11895-0

Inhaltsübersicht: Einführung und Überblick. - Formen der Rückkanalnutzung. - Technische Gestaltung. - Gesichtspunkte des Datenschutzes. - Breitbandkommunikationsanlagen mit Rückkanälen im Ausland. - Einige Angaben zu den Systemkosten. - Glossar. - Literaturverzeichnis. - Liste der Autoren. - Sachverzeichnis.

Band/Volume 9

Bürokommunikation

Ein Beitrag zur Produktivitätssteigerung

Office Communication

Key to Improved Productivity

Vorträge des am 3./4. Mai 1983 in München abgehaltenen Kongresses/Proceedings of a Congress Held in Munich, May 3/4, 1983
Herausgeber/Editor: **E. Witte**
1984. XI, 288 Seiten (etwa 98 Seiten in Englisch).
DM 58, . ISBN 3 540-12459-4

Im Vordergrund der Beiträge dieses Tagungsberichtes steht der Wirtschaftlichkeitsaspekt des Büros der Zukunft. Die Vielfalt der Betrachtungsmöglichkeiten und Lösungsansätze wird von Referenten aus den USA und Deutschland deutlicht gemacht, die über Erfahrungen mit unterschiedlichen Systemen und Anwendungsgebieten verfügen. Ihre Aussagen enthalten nicht nur quantitative Untersuchungsbefunde, sondern auch praktische Vorschläge für die angestrebten Steigerungen der Produktivität im Büro.

Springer-Verlag
Berlin
Heidelberg
New York
Tokyo

Telecommunications

Veröffentlichungen des/Publications of the Münchner Kreis
Übernationale Vereinigung für Kommunikationsforschung
Supranational Association for Communications Research

Band/Volume 1

Two-Way Cable Television

Experiences with Pilot Projects in North America, Japan, and Europe
Proceedings of a Symposium Held in Munich, April 27–29, 1977

Editors: **W. Kaiser, H. Marko, E. Witte**

With contributions by numerous experts

1977. 70 figures, 8 tables. V, 292 pages
DM 48,–. ISBN 3-540-08498-3

Band/Volume 2

Elektronische Textkommunikation Electronic Text Communication

Vorträge des vom 12.–15. Juni 1978 in München abgehaltenen Symposiums Proceedings of a Symposium Held in Munich, June 12–15, 1978

Herausgeber/Editor: **W. Kaiser**

1978. 238 Abbildungen, 11 Tabellen.
XVII, 490 Seiten (156 Seiten in Englisch)
DM 78,–. ISBN 3-540-09060-6

Band/Volume 3

Telekommuinikation für den Menschen Human Aspects of Telecommunication

Individuelle und gesellschaftliche Wirkungen
Individual and Social Consequences
Vorträge des Kongresses 29.–31. Oktober 1979, München
Proceedings of the Congress October 29–31, 1979, Munich

Herausgeber/Editor: **E. Witte**

1980. 71 Abbildungen, 13 Tabellen.
XX, 335 Seiten (52 Seiten in Englisch)
DM 64,–. ISBN 3-540-10036-9

Band/Volume 4

Telekommunikation für Bildung und Ausbildung Telecommunication for Education and Vocational Training

Vorträge des vom 11.–12. Juni 1980 zur VISODATA '80 in München abgehaltenen Kongresses
Proceedings of a Congress Held in Munich During VISODATA '80, June 11–12, 1980

Herausgeber/Editor: **K. H. Vöge**

1981. VII, 108 Seiten (10 Seiten in Englisch)
DM 34,–. ISBN 3-540-10654-6

Band/Volume 5

Neue Formen der Datenkommunikation New Forms of Data Communication

Vorträge des am 1./2. Juli 1980 in München abgehaltenen Symposiums
Proceedings of a Symposium Held in Munich, July 1/2, 1980

Herausgeber/Editor: **G. Seegmüller**

1981. XIV, 159 Seiten (72 Seiten in Englisch)
DM 48,–. ISBN 3-540-10736-3

Springer-Verlag
Berlin
Heidelberg
New York
Tokyo